心语漂流瓶(上)

陈伟萍　孙文冲　朱婷婷　主编

孙俊倩　王君兰　绘

北京联合出版公司
Beijing United Publishing Co.,Ltd.

序言

把心点亮　让爱流动

由于生活节奏加快和社会竞争日趋激烈，加之家庭结构的变化、网络游戏成瘾、父母的厚望、学习的压力、人际交往的困扰等，给小学生带来了不同程度的紧张、刺激和心理压力。当下，小学生在应对父母、学习、人际关系等方面诸多压力的同时，迫切需要家长的理解，以及适当的疏导，来提高自己应对内在冲突和外在压力的能力。如果小学生长时间不能解决成长过程中的问题或烦恼，很容易产生焦虑、抑郁等情绪问题，势必影响青少年的健康成长。

《2022年青少年心理健康状况调查报告》显示，全国约14.8%的青少年存在不同程度的抑郁风险，其中4%的青少年属于重度抑郁风险群体。《2022年国民抑郁症蓝皮书》显示，18岁以下抑郁症患者占患者总数的30.28%，50%的抑郁症患者为在校学生。可见抑郁症发病群体呈年轻化趋势，家庭、学校和社会亟须重视青少年心理健康，为青少年健康成长保驾护航。

2023年4月，教育部等十七部门联合印发了《全面加强和改进新时代学生心理健康工作专项行动计划（2023—2025年）》。该文件指出，要帮助学生掌握心理健康知识和技能，树立自助、求助意识，学会理性面对困难和挫折，增强心理健康素质，还将组织编写学生心理健康读本，向家长、校长、班主任和辅导员等群体，提供学生常见心理问题操作指南等心理健康"服务包"。

从 2018 年开始，面对学生心理问题增多的情况，上海市嘉定区安亭小学开展了"心语漂流瓶，同伴来解忧"活动。学生们了解到同龄人的烦恼，发现自己面临的情况并非个案。这项活动不仅缓解了学生们的焦虑，也让他们更愿意接受同龄人提供的方法。"心语漂流瓶"中有共性的烦恼及回复被制成音频在上海市嘉定广播台 FM100.3《成长进行时》"心语漂流瓶"栏目中播放，让更多的学生受到启发，并解决自己的心理问题。

"心语漂流瓶"里每一个烦恼都是小学生真实的成长问题，涵盖亲子、学业、人际、情绪、青春期等方面。为了进一步将心理健康教育推向更广大的学生群体，现提炼小学生中常见的 85 个烦恼，出版《心语漂流瓶》一书。该书非常适合作为小学生的工具书，小学生可根据目录检索到自己想了解的烦恼，并寻找解决烦恼的方法；该书也适合辅助小学生家长、班主任和心理老师去了解新时代小学生常见的心理问题，以便更有效地和孩子开展谈心活动，帮助他们应对和化解成长的烦恼。该书反映了学校在心理健康教育特色示范上不断开拓进取、实践创新的成果，同时也展现了上海心理健康教育的特色。

本书有以下几个特点：

1. 学生解惑显真切

本书涵盖了小学生常见的 85 个烦恼。这些烦恼有的是学生匿名写下的，也有的是心理教师从个案咨询和问卷调查中收集到的。这些烦恼和困惑被选用，遵循两个原则：一是尊重学生隐私，二是"烦恼"具有普遍性。本书涉及的所有烦恼都是真实的，是发生在学生身上切实的烦恼，这些"漂流瓶"里具有普遍性的烦恼，画出了目前小学生心理烦恼的图谱。对这些共性问题的解答和指导，有助于把脉学生的成长动态，解除学生心理健康症结，清除他们成长路上的堵点。

2. 童心童语更贴心

在"心语漂流瓶"活动中，写有学生烦恼的字条会随机"漂流"到其他同学手里，收到"漂流瓶"的同学根据"烦恼"给出自己的解答，一个问题会有几种，甚至十几种答案，这是同龄人的童心童语，是孩子们内心的语言。学生在回答"漂流瓶"问题的过程中，能看到同龄人共同的烦恼，发现自己面临的烦恼并非个案。学生在提出、回答和反馈问题的过程中，不仅是在帮助其他同学，也在打开自己的心结。童心童语让学生读来更觉亲切，更感轻松，更能点亮学生的心灯。

3. 教师专业助效能

心理老师会把选用的"烦恼"清单发布在师生沟通群里，感兴趣的心理委员或结对学生可以认领"烦恼"，由心理老师指导学生撰写回答，最后心理老师还会将这些回答进行专业的提炼。"心语漂流瓶"里的建议一是基于学生的实际，二是站在学生的视角，以同龄人的身份和口吻提出，因为有教师的专业助力，所以更具专业性和有效性。这些指导和建议，不仅可以让学生受益，也可以使阅读的教师、家长和学校管理者更好地掌握心理学的知识和方法，帮助学生解决成长中的心理困惑。

4. 心语漂流爱传送

本书中每个问题的提出都包括四个板块的内容："我的烦恼"、"心语小使者"、"烦恼橡皮擦"和"同学来信"，充分体现出解答学生烦恼的过程是一个有序流动的过程。所有参与这个过程的人，包括传递者和接收者，都是爱的传送带上的一员。"心语小使者"不仅有参与回答的学生，也有指导、提炼、建议和丰富文本的心理老师。整个过程不仅让心语"漂流"，更让温暖流转，是爱的"漂流"。实际上，不论是有困惑和烦恼的学生，还是有感悟的学生，都是"心语小使者"，大家共同完成了爱的传送带的每一个环节。

本书不仅内容丰富、设计新颖、回答恰当，而且其出版策划和实施过程体现了学校管理者和德育、心理工作者对学生特点的深入了解。对学生成长内在动力的深切体认，对心理健康教育工作的深厚感情，也给我从事心理工作以鼓舞，增强了做好这项工作的动力。感谢安亭小学的出色工作，感谢为本书的出版用心用力的每一个参与者和实践者。是为序。

沈之菲
2023 年 5 月
作者系上海市教育科学研究院教授、上海学生心理健康教育发展中心副主任、上海中小学心理辅导协会理事长

第一章 学习力

1 我记性不大好，该怎么办 / 3

2 作文总写不好，该怎么办 / 6

3 妈妈总是催我读古文，我很郁闷 / 9

4 太"卷"了，有同学在假期提前学完了下学期的课文 / 12

5 题目太难，爸爸认为我不认真，该怎么办 / 15

6 我想像姐姐一样认识更多字，该怎么办 / 18

第二章 行动力

7 新学期起不了床，被爸妈批评，怎么办 / 23

8 每到周末，作业就特别多，该怎么办 / 26

9 阶段练习，很难静心复习，该怎么办 / 30

10 考完试了，我好担心考不好 / 33

11 我想养猫，妈妈不同意，该怎么办 / 36

第三章　情绪力

12 妈妈常为学习的事情对我发火,该怎么办 / 41

13 我喜欢的数学老师不教我了,心里很难过 / 44

14 外公去世了,我的心情很不好 / 47

15 要转学了,同学们都舍不得我,我很难过 / 50

16 睡觉时感觉到身体下坠,我被惊醒了 / 53

第四章　专注力

17 上课的时候容易走神,该怎么办 / 59

18 写作业的时候总忍不住画画,被妈妈批评了 / 62

19 每次想写作业的时候,都不能静下心来 / 65

20 上课的时候,忍不住想着打游戏,该怎么办 / 68

21 妈妈没收了我所有的课外书,该怎么办 / 72

第五章 意志力

22 我的理想是当作家,可是我成绩不是很好 / 77

23 临近考级,妈妈越严格,我越不想练琴 / 80

24 爸爸说我做事总半途而废,不同意我学动漫 / 83

25 我想坚持一个月不发火,可同学让我"破防"了 / 86

26 一个人的时候,我害怕有鬼,该怎么办 / 89

第六章 社交力

27 我不想因为胆子小,失去很多机会 / 95

28 心太软,不会拒绝,该怎么办 / 98

29 当上小组长,有点烦 / 101

30 朋友总乱拿我的东西,该怎么办 / 104

31 和好友经常争执、怄气,我感到很伤心 / 107

32 发现朋友跟其他同学一起玩,我有种被抛弃感 / 110

33 小组合作,组员不配合,我该怎么办 / 113

第七章　自护力

34 同桌平时总是嘲笑我，该怎么办 / 119

35 同学总是欺负我，我很生气 / 122

36 同学拍我的屁股，我有点害怕去学校了 / 125

37 好朋友有点抑郁，我很担心，该怎么办 / 128

第八章　青春力

38 课间游戏搂抱了同桌，同桌就被换了 / 135

39 我收到一封情书，该怎么办 / 139

40 见到他就会脸红，我感到非常害羞 / 143

41 同学说我发育早，我好难堪 / 146

第一章

学习力

　　学习力是我们在学习过程中展现出的综合能力，它包括学习动力、学习毅力、学习能力和学习创造力等方面。从小我们就对未知的事物充满了好奇心，这种好奇心驱使我们主动去学习和探索。

1 我记性不大好,该怎么办

我记性不大好,背英语单词更是难上加难,因此妈妈经常用一些难听的词语骂我。我该怎么办?

—— 一棵蜡梅

心语小使者

一棵蜡梅同学,你好。你总是记不住东西,可能主要原因并不是你的能力不行,而是"自证预言"。通俗点说就是"我们越相信什么,就越容易发生什么"。这是因为自我暗示会影响到我们的行为,从而让我们不能发挥自己的潜能,最后"验证"了自己的想法。你把记不住书本内容,说成自己记性不大好,这就形成了一种心理暗示,甚至变成一种"魔咒",让你在记忆的路上,不断经受失败,使你真的总是记不住东西了。

烦恼橡皮擦

❀ 经常对自己说一些积极的"预言",相信自己肯定能够做到

你可以经常对自己说:"我记性很好,只要找到方法,我一定可以记得住、记得牢。""英语,我只是花的时间比较少而已,接下来,只要我肯花时间,一定可以学得快,学得好。"给自己正向的心理暗示。

❀ 找到适合的时间进行记忆

放学回到家,你已经身心疲惫了。如果妈妈再额外布置家庭作业,那么等你做好再去背书和背单词,一定会感到很吃力。因为,这个时候的大脑已经处于疲劳状态,想记住单词,效率就会低,记不住就很正常了。俗话说"一日之计在于晨",早晨是一天当中大脑最清醒、最"干净"的时段。如果在这个时段来背诵、记忆的话,通常会起到事半功倍的效果。

❀ 养成复习的好习惯

我们很容易产生错觉,以为一开始记住单词了,就会一直记住它。大脑是有遗忘功能的,每次睡觉的时候,它就会整理一天记住的信息。如果你不经常复习、运用这些知识,它们就会成为"无用"信息而被清理掉。

🍀 调整好自己背诵时的情绪状态

一般来说,放松的、愉悦的情绪状态更容易促进我们的记忆。比如,如果我们身边有人的话,我们可能就会紧张,导致花很长时间才能记住;如果身边这个人还会因为我们背书不好而责骂我们的话,我们可能会更加紧张。所以在识记前,先调整好自己的情绪状态吧。

最后,你不要太在意妈妈说难听的话,可以把难听的话转化为提高记忆效率的动力。如果妈妈说的话实在难听,自己心里太难受,就找个机会沟通一下,向妈妈表达你的感受与想法。

同学来信

　　读了上面的内容,我的感触很深:它好像一面镜子,让我看到了一些自己在学习中的不足之处。首先,在遇到难题时,我没有积极动脑,而是轻言放弃;在背诵时,由于篇幅长,我就会少背几遍,即使不熟练,我也以"记性不大好"为借口,逃之夭夭。实际上是我对自己没有信心,不相信自己有能力去完成。我应该多对自己说"你能行""你可以",静下心来,再读读、背背,坚持一下,就会成功。

　　其次,我在复习知识、背诵课文上花的时间少。由于写作业拖沓,完成时间晚,或者心里想着去玩,我就会应付复习、背诵,草草了事。因为没有及时巩固知识,而导致遗忘,却被我说成"记性不大好"。以后,我要利用好零碎时间,及时完成作业,放学回家后,就有充足的时间复习、预习了;抓住早上的黄金时间,将学过的知识点在脑海中过一遍,这样就会记忆深刻,达到事半功倍的效果。让我从现在起,改正不足之处,突破自己,去迎接更好的明天!

杜裕峰

2 作文总写不好，该怎么办

我的烦恼

有件事一直让我感到很烦恼。我作文总是写不好，为了提高作文水平，我努力去看课外书，平时也记好词好句，可是每当考试的时候，作文依然会被扣很多分。这让我感到十分委屈，为什么付出了努力还是看不到好的结果呢？

——琪琪

心语小使者

琪琪同学，你好。其实不光是你，我也曾经为这件事头疼过，所以我能够理解你现在的心情。以前我写作文就像挤牙膏一样，那时候一遇到写作文就害怕。但是琪琪，你要相信自己能够写好作文，因为我的作文水平已经提高了，你也可以。写作文之前，我们一定要对自己有积极的暗示，因为写作心态非常重要。我们认真审题，确定作文中心思想，然后确立写作素材和写作线索等。当然，作文水平不会一下就提高，写好作文需要我们平时多多练习和耐心修改。下面我分享一些方法，希望能对你有帮助。

烦恼橡皮擦

❀ 调节情绪，以放松的心态去写作文

当你皱紧眉头不知道该怎么写的时候，就很难发挥出你的观察力和想象力，可能平时积累的好词好句都会想不起来。所以，当你因为写作文而感到紧张时，深呼吸，相信自己是能写出来的。调整好情绪，会帮助你把思路打开，获得更多的灵感。

❀ 在写作文前先列提纲

提纲就是作文的框架，不列提纲可能会导致字数不够或逻辑混乱。比如当你描述一件事的时候，你要提前确定好是按照时间线来写，还是按照心情变化来写等。通过列提纲，把你的思路理顺了，就知道如何筛选写作素材了。特别是在考试时间紧迫的情况下，按照提纲写，至少能保证作文不偏题、有条理。

❀ 理解书中的思想和写作手法

在看课外书的时候，要多去理解。当你看了课外书或作文书后，不要

马上就去模仿和练习，而是要在你理解了之后，再去模仿和练习。如果只是看完一本书，而不去理解和思考书中段落里要表达的思想和运用的手法，那么，看再多书对你提高作文水平也是没有帮助的。因为你只看了内容，而没有看到方法。所以，在阅读课外书的时候，要学会带着思考去阅读。

……草色遥看近却无。

❋ 学习通过文字来表达情感

对于小学高年级的同学来说，在作文里表达情感是非常重要的部分。为了提高这方面的能力，可以阅读一些名家的散文，多去模仿和练习一下怎样用文字来表达情感。当然，看到好的散文，你同样需要先理解，再进行模仿练习。通过不断的仿写练笔，你就知道，当你形容某一个物品、叙述某一件事时，该如何表达、如何使用文学修辞手法了。

同学来信

读了琪琪的疑问和"心语小使者"的解答，我想到了自己。和琪琪一样，我也总是写不好作文，虽然努力收集好词好句，但作文水平提高不大。后来，在妈妈的帮助下，我掌握了一些好方法，现在我又从"心语小使者"的解答中学到了一些技巧，比如放松情绪、打开思路、列提纲等。琪琪，我们一起加油！

周思好

3 妈妈总是催我读古文,我很郁闷

我的烦恼

我的妈妈每天催我读古文。她不仅每天在吃晚饭的时候对着我唠叨读古文的事情,就连早上一起床也盯着我读。我现在一看到古文就想吐,心情很郁闷,你觉得我该怎么做呢?

——飞浪客

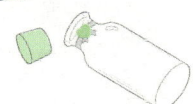

心语小使者

飞浪客同学,你好。看了你的"心语漂流瓶",我很能理解你郁闷的心情。你承受了很大的精神压力,这种催逼对你的情绪也造成了很大的影响。我觉得你最好和妈妈就读古文的事情沟通一下。在更放松的环境和心态下,你会发现学习古文原来是一件很有趣的事情，我们这个时代的人可以通过古人留下的文字，去探索古代文明，了解他们的所思所想。我相信你通过调整和探索，可以找到方法来解决这个问题。下面就来分享一下我的建议吧。

烦恼橡皮擦

❈ 调整和释放自己的情绪

你可以放学后先在小区里运动一会儿，适当的运动可以帮助我们解压，有助于放松心情。或者吃完晚饭后，你可以听一首最喜欢的歌曲再做作业，有研究表明音乐能够有效地促进血液的流通，缓解大脑疲劳。所以，哪怕短短5分钟的音乐时间，也可以帮助你调整情绪状态。当然，你也可以再挖掘一些自己喜欢的小方法来调整自己的心情。

❈ 对妈妈表达出你的心情和感受

妈妈之所以总是催促你读古文，是希望你能把古文学扎实了。而她对你学习古文的过度关注，使你的感受并不好。如果你更希望妈妈能够多关注你的其他方面，比如你的交友、心情或身体状况，你就要把心里的想法告诉她，让她知道怎样来关心你、帮助你。当妈妈知道了你的真实感受和想法后，就会反思她自己的做法。

❀ 找到自己最喜欢的学习古文的方法

如果不喜欢老被妈妈催着盯着,你就要自己去思考学习古文的方法,领悟学习古文的意义和趣味。可以在平时阅读一些比较生动有趣的故事、传说、历史典故等。还可以做一些词卡,将一些常用字的翻译,以及通假字等都写在小卡片上,时不时拿出来考考自己。

同学来信

　　读了本期"心语漂流瓶",飞浪客同学,我能理解你的心情,因为我的妈妈也经常让我读古文,不过并没有像你的妈妈一样严苛。"心语小使者"说得对,你还没有真正体会到读古文的乐趣。我觉得你也可以通过散步、跑步等方法去缓解自己的压力,发现学习的乐趣,不以苦为苦,而是以苦为乐。我们的妈妈都希望我们能把古文学扎实,以后取得更好的成绩。每个妈妈都希望自己的孩子变得更优秀。最后,我们要努力找到适合自己的学习古文的方法,一起探索古文的趣味。

乔皓轩

4 太"卷"了,有同学在假期提前学完了下学期的课文

我的烦恼

下周就要开学了,为了缓解一下紧张的心情,我就在聊天群里和同学们聊聊天。可谁知道,不聊还好,一聊下来发现,大家都在家里提前学习新学期的课程了,有的同学甚至把下学期的课文都学完了。这也太"卷"了吧!我感到更担心了。我该怎么办?请帮帮我。

——柠檬不甜

心语小使者

柠檬不甜同学,你好。看了你的"心语漂流瓶",我认为你大可不必担心。你知道从众心理吗?内卷其实就是一种从众心理。当我们发现别人都在做同一件事的时候,我们就很容易犹豫和改变自己的想法、行为,而让自己和别人保持

一致。有时候，我们会迎合别人的想法以让自己交到朋友和融入他人，但是我觉得不是什么事情都要这样，因为这会让我们失去个性和自主性。就拿学习这件事来说，我相信你有自己的学习安排，而且每个人的学习能力是不一样的，按自己的学习节奏学习才是最合适的。现在，就把我的方法分享给你吧。

烦恼橡皮擦

❀ 提前学习不一定更好，要有正确的态度和适合自己的方法

提前学习新知识这种方式是因人而异的。有些难以跟上老师教学进度的同学利用假期提前学习，可以帮助他们在开学后相对轻松地跟上老师的节奏。而有些同学，假期里对课本的知识还没学透，却不自知，上课的时候以为自己都学过了，就不认真听了，那就得不偿失了。所以，学习课本知识并不是谁学得早就一定更优秀，而是需要有正确的态度和适合自己的方法，这样才能让提前学习真正成为学习的助力。

❀ 利用假期时间查漏补缺

找出上一个学期里你常常写错的字、常常搞不懂的题目，重新复习一遍。巩固旧知识，不仅有助于加深对原有知识的理解，还能让你的基础打得更牢。

❀ 多看课外书，丰富自己的知识面

观察自然万物，感受民风民俗，阅读优质丰富的课外书有助于你在学习课内新知识的时候，通过联系自己生活中的观察和实践来构建属于自己的知识体系。

❀ 为假期的最后一周制订计划

计划包括以下几个方面：（1）调整好作息时间，让自己的身体适应上学的节奏，好的作息也能帮助调整心情；（2）检查假期作业，不拖拉不懈怠；（3）制订一个完整可行的新学期计划书，从交友、习惯、运动等方面进行规划，待开学后努力执行。

同学来信

　　我非常赞成"心语小使者"的建议。每个人都有自己的学习方法和学习节奏，不能被别人的学习方法带偏，我们要对自己有信心。对于我来说，提前学会了，上课再学一遍多没劲。我的原则是，该玩就尽情玩，该学就好好学。

　　放假了，我可得好好放松，比如做一些课外感兴趣的事。如果有非常喜欢的项目，我也会展现自己的魅力去说服老妈给我报班。

　　当然，学习成绩不太好的同学，我觉得可以利用放假时间好好学习，来个"弯道超车"，比如把薄弱的地方好好巩固，提前预习，把一些应该掌握的知识点提前背一背等。

张梓涵

5 题目太难，爸爸认为我不认真，该怎么办

我明明在认真写一道题，可题目太难，我写不出来，就会习惯性地转笔，这个时候爸爸总认为我不认真，然后批评我，我感到很委屈。我该怎么办？

——樱之翼

心语小使者

樱之翼同学，你好。你明明是在认真地思考问题，只是因为做了一些习惯性的小动作，就被爸爸批评，这让你感到很委屈。我很理解你的心情，其实，很多同学都会有自己思考时习惯性的小动作。只要这些小动作不会影响到自己和其他人，我们并不用刻意地去克制它，不然，我们可能反而会分心在"克制"这件事上，而影响思考。面对爸爸的误解，我来分享一些方法，希望可以帮助你。

烦恼橡皮擦

❀ 和爸爸好好沟通做小动作的事情

思考的时候，每个人都会不自觉做一些动作。通过与爸爸沟通，一方面你可以把委屈告诉他，让他知道你此刻的心情；另一方面你也可以知道自己的哪些做法会让爸爸误会，以后就可以尽量少做这些动作。同时让爸爸也知道你那些看似不认真的动作其实是在思考，从而不再因此批评你。

❀ 培养独立学习、思考、解决难题的能力

遇到难题，可以使用四步法：第一步，自己努力去思考解题方法；第二步，当想不出来的时候，可以去翻书或者翻以前做过的卷子，来寻找相似题目的解题方法；第三步，借用网络寻找一些讲解相关知识的网课来学习；第四步，如果还没有解决，可以利用通信设备向同学求助。自主学习、独立学习不是一个人闭门造车，绞尽脑汁答题。善于学习的人，会充分利用资源和工具，让自己快速有效地完成学习任务。

✿ **探索有效学习的方法,提高学习效率**

你可以记录做每一项作业的时间,也可以尝试使用计时器,这能让你在做作业时更加专注,有紧迫感,对提升效率有一定的帮助。高质量、快速地将作业写完,你还能有大把的时间来培养自己的兴趣,爸爸也会对你更加放心。

同学来信

也许有许多人都会有樱之翼同学这样的经历,但每个人的解决方法都不一样,有些人会因为害怕爸爸妈妈生气,便埋在心里,不敢言语,但有些人会勇敢地说出来。我想樱之翼同学看到"心语小使者"的回复一定会感到欣慰吧!最后,我也想像"心语小使者"那样,告诉所有的同学,遇到困难不要气馁,要迎难而上,勇敢地面对和解决它。

熊语彤

6 我想像姐姐一样认识更多字,该怎么办

我的烦恼

我今年上小学一年级,我的姐姐上四年级。寒假里,姐姐一会儿看侦探小说,一会儿看奇幻小说,而我只能读注拼音的书,还读得特别慢。我真的很羡慕姐姐,不知道自己什么时候才能像姐姐一样认识那么多字。

——小龙

心语小使者

小龙同学,你好。你渴望和姐姐一样能够看更多、更有趣的书,也渴望自己能认识更多的汉字,我非常能够理解你。因为我曾经和你一样,总是羡慕哥哥可以随意阅读新闻报刊和各种书籍,又担心自己学不会那么多生字,于是感到担心

和着急。但你有没有发现,当羡慕和渴望什么事情的时候,我们内心会有一股力量,那是一种希望自己成长的力量,我们可以把它化为学习的动力。下面分享一些办法给你,我相信你一定可以实现自己的心愿。

烦恼橡皮擦

❀ 理解自己现阶段识字不多是正常的

你今年才上小学一年级,不认识大部分的汉字,这是非常正常的。当初读一年级的时候,我也因为识字量不够,不能理解语文书中的一些课文和数学书中的一些题目,更谈不上答对题了。所以,你不用因此感到着急。

❀ 扎实学习课本,努力提高自己的识字量

生字、生词是一年级语文学习的基础,也是重点难点,只有提高了自己的识字能力,才能理解这些字词的意思,为阅读书籍打好基础。每天放学后,你可以把在家里的学习时间分为复习和预习两个部分。除了对课堂上的知识进行复习和查漏补缺,也要养成预习新课的好习惯。这样,你就可以在复习和预习中,不断巩固学过的字词和学习新的生字词。

❀ 坚持写日记和阅读

每天把记忆深刻的事情记录下来,如果觉得自己写不出来,刚开始的时候写一两句话就可以。如果你有能力和时间的话,要坚持课外阅读,多阅读

自己非常感兴趣的课外书,这么做能够帮助你提高阅读能力。当遇到不会写和不认识的字,可以问爸爸妈妈或查字典。每天积累一些新的生字,渐渐地,你会发现你认识的字越来越多,能看懂的书也越来越多了。

❀ 在生活中观察并学习生字

日常生活里留意随处看到的生字词,对增加识字量可是很有帮助的。比如当和爸爸妈妈出门的时候,你可以多看看沿街店铺的招牌、广告牌、路标等,利用空闲时间多读一读,这样,一来可以温习以前学过的字词,二来发现有不认识的字,还可以问问爸爸妈妈。

我今年上小学一年级,原来我一直很怀疑自己是不是真的可以学会那么多生字,将来是不是可以和高年级的哥哥姐姐一样,什么字都能认识。

读了这篇"心语漂流瓶"后,我知道每天可以通过这些方法来帮助自己学习生字。现在,每当我坐在车里的时候,看着窗外的店铺招牌,我常常向爸爸妈妈询问不认识的字。每天睡觉前,我也会看一会儿带注音的课外书。只要行动起来,每天都扎实学习生字,我们一定会认识更多字的!

王溪

第二章

行动力

行动力是指面对任务和目标时,我们能够积极主动地思考,克服拖延和惰性,迅速制订计划和采取行动的能力。行动力对于我们实现目标至关重要。

7 新学期起下了床，被爸妈批评，怎么办

我的烦恼

开学最烦恼的事情就是要早睡早起。暑假里我每天都睡得很晚，早上也总是睡懒觉，有时候中午才起床。现在迎来了新学期，早上必须6点30分起床。可是我晚上睡不着，早上也起不来，总想再睡5分钟，还因为这件事情被爸妈批评。你说怎么办呢？

——麦叮

心语小使者

麦叮同学，你好。开学之后，大多数同学的身体还处于假期模式，一般来说，开学前后，同学们的身体需要一些调整，也需要一些时间去适应学校规律的日常生活，不同的人会出现不同的问题，而且调整所需的时间也不一样。其实这就是

常见的"开学综合征",这是一个比较普遍的问题,因此你不用急躁,要客观地正视它。

你是一位很为自己负责的同学,也非常有行动力。当你发现自己因不能早起而出现一些困扰之后,就立刻面对自己的问题,并主动寻求帮助。所以,我相信当你摸索到了解决问题的方法后,也一定能很快地解决问题。

烦恼橡皮擦

❀ 逐渐调整作息,让身体自然适应

你可以在开始调整作息的第一天晚上,比之前提前 30 分钟睡觉,然后每隔一晚就提前 20 分钟睡,直到调整到正常作息时间。改变习惯,是需要时间的。当你放松下来,允许自己花一段时间来逐渐调整,反而会减少心理上的压力,更快地适应新学期的学习生活。

❀ 为开学后的学习生活做计划,使身心过渡到开学状态

每天睡前安静地阅读几页课外书,或在每天起床后做一个朗读打卡等。把制订好的计划贴在床边,这样可以提醒自己:新学期的生活已经开始了,适度地做好学习计划,一切都会井井有条地进行的。

🍀 让起床变得有趣

早上起床的时候,可以通过播放一些轻快的音乐来提醒自己起床。每天早上听到自己最喜欢的音乐,会让你感到很快乐,起床也就更有动力了。

🍀 寻求家人的帮助

我要开始新学期的作息调整了,请爸爸妈妈配合。

爸妈之所以批评你,是因为他们担心你的作息改不过来而影响你的学习、身体健康和上课的精神状态。你可以请爸爸妈妈配合你,晚上让家里尽量安静一些,把灯光调暗一些。你也可以把调整作息习惯的计划告诉他们,请他们耐心一点,多给你一些鼓励,当他们知道如何具体地帮助你,就不会总是批评你了。

我和麦叮有着同样的困惑:为什么早上起床时总想多睡几分钟呢?"心语小使者"给了麦叮几点建议:

(1)第一天晚上提前30分钟睡觉,之后每隔一晚就提前20分钟睡觉;

(2)为开学后的学习生活做一些计划;

(3)起床时播放自己最爱听的歌曲,使起床变得有趣;

(4)寻求家人的帮助。

在尝试按第2条和第3条建议行动之后,我果然不再赖床了,爸妈也不再为起床的事批评我了。我接受了"心语小使者"的建议,取得了成效。相信麦叮也一定会养成早睡早起的好习惯。

刘晨轩

8 每到周末，作业就特别多，该怎么办

我的烦恼

每到星期五，作业就特别多，而且都很难，完全写不完。唉！好烦，该怎么办？

——寒夕

心语小使者

作业，真是同学们又爱又恨的东西。爱的是，写作业能够让我们巩固知识和技巧，也会暴露我们在知识理解上的不足，及时改正，让我们在考试中不丢分。恨的是，写作业占用了我们大量的休息时间，有的同学除了学校作业，还有爸妈额外布置的作业。一个星期结束，好不容易盼到了周末，

想好好休息，可是迎接我们的是大量的作业，心里顿时感到好郁闷、好崩溃，甚至有的同学会生气、愤怒，这都是很正常的。

　　不过，我们也知道，作业还是得做的。作为学生，完成作业是我们分内之事。我向你推荐一个好方法，那就是制订作息安排表，将作业、睡觉、运动、兴趣班和娱乐等内容都合理安排进去，并得到爸妈的支持。接下来就具体解决你的烦恼吧！

烦恼橡皮擦

❀ 调节情绪

　　一边生气，一边做作业，很容易养成不认真、不专心的习惯，我们要在写作业前调节好情绪。如果你需要很长时间才能调节好情绪，那你就要好好学习一些方法，可以向身边的同学、朋友倾诉。这样可以帮助自己在更短的时间里把情绪处理好，不让情绪影响自己写作业的效率和质量。

❀ 选择做作业的时间

　　有的同学，周五一鼓作气就把周末的作业全部做完，然后开开心心地过周末；也有的同学，先放松两天，等到周日晚上再做作业。这两种做作业的方式，没有什么好坏之分。你可以根据自己的喜好，以及家庭成员的安排，选择适合自己做作业的时间。就我而言，我喜欢把作业快点做完，这样我在玩的时候，心里才不会想着作业，或者被催着做作业。

❀ 消除拖延习惯

不知你是否有拖延的不良习惯，本来打算周五做作业，但是等拿起作业，又不想做了，就拖到周六，最后拖到周日，不得不做到很晚。如果是这样的话，你一定要改掉拖延的习惯，定好时间，按计划走，培养良好的做作业习惯。

❀ 学会规划周末时间

我们周末的时间大多被爸妈安排好了，有些安排是我们喜欢的，有些安排是我们讨厌的。尽管这样，我们还是应该培养自己的规划能力。首先，我们要高效完成作业，在爸妈的心目中，树立起认真负责的好形象。接着，我们就可以有底气去与爸妈沟通，为自己争取到多一些自由安排的时间，去学习自己真正感兴趣的内容。

当我们发现现实中有一些无奈时，可以先接受现实，然后再去一点点改变，直到我们的理想与现实达到一定的平衡。让我们一起加油吧！

同学来信

读了寒夕同学的烦恼后,我也有同样的感受。经过五天紧张的学习生活,我多么想在周末尽情地放松大脑,做一些平时没时间做的有趣的事情。比如到公园放风筝、约小伙伴们尽情玩耍、和家人一起逛街购物……但是繁多的作业却成了障碍。

在读了"心语小使者"的分享和建议后我有了不少收获。繁多的作业看起来是挺讨厌的,但是它也是可爱的,它让我们巩固了知识和技巧,帮助我们获得优异的成绩,为我们将来更好地发展打牢基础。

一方面,我们要学会控制情绪。面对多而难的作业时,我们可以合理发泄情绪,但要正确对待写作业的事,只有把知识巩固、学习好了,效率提高了,才会有充足的时间做自己感兴趣的事情。

另一方面,可以在一些具体的方法上提高自己的学习效率。我们要合理规划、分配好学习和娱乐的时间;改正拖延的坏习惯,及早专心地做作业;发现问题及时请教老师和家长,高效率地解决问题。

相信理性地对待周末作业,找到正确的方法,一定能在做作业和娱乐之间找到平衡,使学习更有效率也更快乐!

陈珈慧

9 阶段练习，很难静心复习，该怎么办

我的烦恼

最近学校要进行阶段练习。复习的时候，我已经很紧张了，可是，爸妈还总对着我唠叨。特别是我妈，每天都在催我"复习，复习"，可是她越催，我越是没法安静下来复习。白天总会感觉很困，回到家里也没有心思复习功课，这可怎么办呀？

—— 小纸船

心语小使者

小纸船同学，你好。你正在为最近的阶段练习而担心，父母的催促和唠叨，引起了你精神上的紧张，导致你没法好好休息，白天也没有精神，其实，这是一种焦虑的表现。适当的焦虑有助于提高复习的效率和阶段练习的成绩，但如果

你过度焦虑的话，就会影响复习的进度和质量。这些都使你对这次本来就很紧张的阶段练习，更加担忧了。我非常能够理解你为什么这么紧张。我来分享一些方法，希望可以帮助你。

烦恼橡皮擦

❀ 照顾好自己的身体

不管我们的成绩和复习进度如何，每天都要好好吃饭，均衡营养，到了晚上也要按时睡觉。如果睡不着，可以闭目养神，让身体和眼睛都得到放松和休息。身体状态好的情况下，你在阶段的时候就能发挥得更好。相反，身体疲惫不堪的时候，就容易出现题目理解不清、解题没有思路等问题。所以，让身体保持良好的状态，是非常重要的事情。

❀ 制订一份复习计划

如果在复习期间没有头绪，荒废了很多时间，就会让人产生心烦意乱的情绪。这种情绪会使你很疲惫，难以集中注意力。要消除这种情绪，就需要每天让自己有行动有结果。最直接的方法是把每一门功课的复习计划制订好，把看起来非常多的复习任务，细分到每一天，同时，自己要计划好每天的复习时间。

❀ 和父母沟通

虽然学习是我们自己的事情，但是父母的态度对我们的影响可不小。妈妈之所以对着你唠叨，是因为她希望你能好好复习，但是又不知道用什么方法来帮助你。你可以把你的复习计划告诉父母，让他们知道你希望得到哪些帮助。当父母了解到他们的唠叨会影响你复习的心情，也知道具体应该怎么帮你后，就会努力去改变自己来配合你的。

❋ 释放自己的情绪

面对阶段练习，有压力、有情绪是非常正常的。当你开始将计划付诸行动的时候，之前心烦意乱的感觉会渐渐消失。有时还会有很大的情绪波动，你可以试着找到释放不良情绪的方式。比如，大声喊出来，找好朋友互相倾诉和鼓励，听一会儿喜欢的音乐等。

总之，当你行动起来之后，你会慢慢发现很多问题都迎刃而解了。因为每一天你都在进步，也有新的收获。希望你早点开始实施自己的复习计划哦！

同学来信

阶段练习，这应该是最让我们紧张的一个词语了。因此，在阶段练习前，我们都非常紧张，再加上小纸船同学说的那样，父母还在不停地催促，使她变得更加焦虑，连复习的心情都没有了。对此，我们的"心语小使者"提了四点建议。我也学到了很多，并打算运用在以后的复习安排中，期待我们都能收获一个好成绩。

郑杰馨

10 考完试了,我好担心考不好

我的烦恼

期中考试前,我好紧张。现在考完了,我也不知道成绩怎样。心里好害怕,如果考不好,老爸一定不会给我好果子吃的,怎么办?
——匿名

心语小使者

很多同学在考试前都会紧张,担心自己考不好,考完试之后会更担心,生怕成绩不理想。考试前后不知道自己怎么了,会睡不着、吃不香,这些都是考试焦虑的正常表现。考试焦虑一方面是因为自信心不足,另一方面是担心考不好的后果，不管是哪一种，都是很正常的现象。既然考完试了，我们所要做的就是分析考卷，对知识点进行查漏补缺以及改进自己的考试技巧。另外还要修炼自己的考试心态，处理好自己的考试焦虑情绪，让它成为复习和考试的助力。接下来，就缓解考试焦虑情绪与你分享几点经验。

烦恼橡皮擦

❀ 不要害怕考试焦虑，利用这份紧张更好地应对考试

轻微的焦虑是一种正常的情绪。适当的焦虑可以让你更加认真地复习，用功地识记，仔细地审题、答题和检查。比如，你可能会因为担心爸妈的责罚而更加用心复习功课，让自己取得更好的成绩。

❀ 当过度焦虑时，要和班主任或心理老师沟通

如果你对考试的焦虑太过强烈，进而影响到了日常的生活，比如总是睡不着，还会莫名地发烧、拉肚子；那么，你就得和班主任或者心理老师沟通，让他们帮助你分析原因，缓解紧张焦虑的情绪。否则，焦虑会影响你的考试发挥，甚至有害身体健康。

❀ 理解父母的想法，寻求合理的途径和父母沟通

很多时候，父母的责罚是想通过压力来让我们认真复习，父母的奖励也是想激励我们考得更好。我们可以寻求合理的途径和父母去沟通，如果他们的责罚实在太过分的话，你可以向班主任或心理老师倾诉，也许他们有办法帮助你们改善亲子沟通，增进亲子关系呢。

没关系，这次比上次更好了，下次继续努力。

同学来信

每个人在遇到大事时都会紧张甚至焦虑，特别是关于考试，同学们都深有感触。当情绪紧张、焦虑时，我们首先要做的是心平气和地接纳它，并感激它。适当的焦虑反应可以激发潜能，可以使自己在考试前认真复习，考试时认真答题、仔细检查，让自己的考试成绩更理想。

其实，我个人觉得，只要你平时认认真真地学习，考试前好好复习，例如，针对自己的弱项，重点复习、巩固错题，做到查漏补缺。同时，查看教材中的重点内容，看平时记录的笔记，翻阅以往做过的试卷等，温故而知新，那么考试其实并不可怕。用平和的心去面对考试，并给自己积极的心理暗示：相信自己，一定会成功。把焦虑转化为学习的动力，用最灿烂的笑容去迎接考试的到来！

陆孝诚

11 我想养猫,妈妈不同意,该怎么办

我的烦恼

我一直想养一只小猫或小狗,但妈妈不让买。爸爸怕妈妈,所以爸妈都决定不买了。你能帮帮我吗?

——小蝴蝶

心语小使者

小蝴蝶同学,你好。从你的"心语漂流瓶"里,我看出你是一名喜欢小动物、非常有爱心的同学。其实我非常能够理解你的心情,因为我也很想在家里养一只可爱的小猫。小猫长得漂亮可爱,摸上去毛茸茸的特别舒服,还可以陪我玩

要。要是有一只属于自己的小猫咪，它能整天和我待在一起，该有多好啊。但我的妈妈也不同意家里养猫咪，当时我也难过了一阵子。

面对这样的不如意，我们要了解妈妈不愿意养猫的原因，要清楚她是怎么看待养猫这件事的。毕竟，你不是一个人生活，也要考虑到家人的感受。

我来分享一下我收集到的，关于家长不同意养猫的原因和对策。

烦恼橡皮擦

❀ 没有时间和能力照顾猫

一旦养了小猫，就要为它的生活负全责。要每天给它喂食、铲屎、清洁，如果它生病了，还要及时带它看病。这些事情都需要付出时间。你需要学会生活自理，多做家务，让你的妈妈看到，你不仅能管理好自己的生活和学习，还能够帮助她做家务，让她相信你能独立照顾好小猫，不让她操心。

❀ 担心小猫会传染疾病、破坏家具或者伤到家里人

如果你的妈妈是出于这个顾虑，那就需要你去查一些资料，让她知道，通过给小猫打疫苗和驱虫，就可以预防小猫将疾病传染给人。还要考虑家里是否有猫活动的空间，能否承受猫的破坏力。如果家里有老人，老人是不是能够接受养猫。要顾及家里每一位成员的感受，如果家里有成员实在不让养猫，你也要理解每个人有不同的喜好。

❀ 担心养猫会分散你的注意力

妈妈担心养猫后，你会因为和猫咪玩而影响学习，如果你的妈妈有这方面的顾虑，她是希望你不要受外在事物的干扰。为了消除妈妈的担忧，你要通过每一天的自律和专心，让妈妈看到，你可以保持专注地学习。

❀ 担心家庭开支的问题

养猫的成本也是很高的，不仅要购买猫咪的各类用品，还要长期支付生活费用和医疗费用，对于一般家庭来说，这可是一笔不小的开支。如果妈妈担心这个，你可以为家庭做个小小的记账册，学习合理消费。从理性消费的角度，和妈妈一起探讨现在家里是否适合养猫。

同学来信

"心语小使者"的话让我明白，小蝴蝶想养猫咪是因为她觉得小猫咪可爱，能陪她玩耍，让自己生活中多个玩伴。但她妈妈不同意她养猫可能是考虑到养猫后涉及的一系列问题，包括经济问题、疾病问题、卫生问题等。

从这件事延伸开来说，在社会这个大家庭里，每当我们要做一些事的时候，可能这些事本来没有真正意义上的对或错，对自己来说可能是一件小事，但当涉及他人，尤其会给家人带来一些困扰和问题的时候，我们就不能只凭自己的喜好了，而更应该考虑到周围人的感受，避免给大家造成麻烦。

黄昊轩

第三章

情绪力

情绪力是指我们对自己和他人情绪的敏感度和理解力,以及调整和表达情绪的能力。当我们开心的时候,会与他人分享我们的快乐;当我们难过时,会寻求他人的支持和安慰。拥有良好的情绪力可以帮助我们识别自己和他人的情绪,建立自己与他人的情绪边界,以合理和积极的方式表达情绪。

12 妈妈常为学习的事情对我发火,该怎么办

我的烦恼

暑假期间,妈妈老是因为学习的事情对我发火。有一次我没有在规定时间完成一张数学试卷,因为遇到一道难题,我就一心想做出这道难题,所以忘了时间。她看到后也没有问我原因,就直接对我发火,并把我狠狠地拽出了家门,关在门外。虽然这件事已经过去一个星期了,可我依然感到非常羞耻和愤怒。我的疑问是,妈妈既然这么讨厌我,为什么还要把我生出来?又凭什么这样对我?

——欣凡

心语小使者

欣凡同学,你好。你的妈妈在暑假里对你非常严格,其中有一件事带给你愤怒和羞耻的感觉,并让你无法释怀。你开始疑惑妈妈是否还爱你,不明白妈妈为什么要这样对待你。这带给你伤痛,也带给你迷茫。你希望能寻找到答案。

我读了你的"心语漂流瓶"后，感觉你并没有做错什么，反倒是你妈妈的情绪有些失控。在这个时候，你还能够积极地想办法求助，想办法解开自己的心结，这个行为让我看到了你身上强大的意志力和面对困难的勇气，也使我对你产生敬佩。接下来，我就分享一下我的看法吧。

烦恼橡皮擦

❀ 从其他角度观察，看清事情的真相

妈妈的行为让你感到愤怒和疑惑，最让你伤心的是你觉得妈妈不爱你了。但你可以从生活的其他方面来看看妈妈为你做的事情，比如，她经常做你爱吃的菜，经常关心你的身体健康……如果你在生活中发现妈妈有不少诸如此类的行为，那你心里对于妈妈是否爱你的疑惑自然就会解开了。事情很可能不是你想象的那样，或许只是妈妈不理解你，一时没有控制好自己的情绪。

❀ 主动和妈妈沟通，告诉她你的感受

妈妈，下次我一定改进做题方法，希望您能耐心地帮帮我。

你的妈妈用她习惯使用的方式教育你，你要给她反馈，让她知道哪些地方需要调整。相信勇敢的你，能够有这份勇气，对妈妈说出你的感受和期望。你可以这样告诉妈妈："妈妈，我会改进做题的方法，把难题留到最后，不影响做整张卷子的速度。也希望您能够多一些耐心，如果发现我有做得不好的地方，帮我指出来，让我能有改正的机会。"

✿ **主动为暑假作业制订合理的计划，并严格执行**

暑假期间的作业和学习是你自己的事情，应该由你自己来安排和执行，而不应该让妈妈老是催促。所以，你要有实际行动，为自己制订好每天做作业和学习的计划，并自觉地去执行。让妈妈看到你不需要她为此操心，她也能够把更多的精力放在家里其他的事情上。

同学来信

　　生活是美丽且绚烂多彩的，它既会给予我们一份份积极美好的鼓励，也会向我们提出一个个困苦艰难的挑战。遇到美好，我们肯定都会开心；但遇到困难，我们却常常会灰心丧气，不敢面对。

　　看了本期"心语漂流瓶"，我深有感触。我们既应该欣然享受开心的事情，也应该坦然地面对困难和挑战。在享受开心和快乐时光的同时，对关心爱护我们的亲人和朋友心存感恩之心。有时，他们的言语可能冲动了一些，但初衷是好的。很多事情，只要我们换位思考，自己就能想通；很多时候，他们也会犯错。

　　当我们灰心时，要不惧挑战，不畏艰难。把每个陪在我们身边并与我们一同迎接挑战的亲人和朋友铭记于心，感谢他们的支持、鼓励与陪伴。

焦舒航

13 我喜欢的数学老师不教我了，心里很难过

我的烦恼

我特别喜欢的数学老师转去其他学校，不教我们班了。她是我最喜欢的老师，每当我遇到挫折的时候，她总会关心和鼓励我。而现在要和她分开了，我很舍不得，为此我还哭了两天。

——雨天阳光

心语小使者

雨天阳光同学，你好。我能够理解你此时的心情，因为我也曾遇到过一位鼓励我、关怀我的老师。在这位老师的帮助下，我变得更加勇敢和自信了。所以，我深深地为你能够遇到这样一位温暖的好老师而感到高兴。然而天下没有不散的筵席，当分别到来的时候，我们该怎么做呢？

烦恼橡皮擦

❀ 接纳自己这份不舍的感情

和一位非常优秀的老师分开，感到难过是人之常情，这也体现了你和老师之间浓厚的师生情。你的难过和不舍得是合情合理的，几乎每个人都会经历，这是你真实情感的流露。

❀ 找到合适的宣泄方式，调节自己的情绪

你可以选择适合自己的调节方式，比如想哭的时候，就找个安全的地方，让自己哭出来。或者向朋友或亲人倾诉，相信他们会理解你的心情。写日记也是一种很好的疗愈方法，你可以把对老师的回忆和不舍用文字记录下来。

❀ 向老师表达你的心意，与老师深情告别

与老师告别的方式有很多种。比如给老师写一封信，把你对老师的感谢和喜爱表达出来。也可以亲手为老师做一个小手工，来表达你的感恩之情。还可以添加老师的联系方式，分别后也可以常对老师说说你的烦恼和心里话。我想你的老师一定会很乐意陪伴和见证你的成长。

❀ 带着和老师的美好回忆，迎接未来的学习和生活

我相信老师给你的鼓励和关心都深刻地印在你的脑海之中。这些画面和

声音，会带给你自信和勇气。当你在以后的学习生活中遇到挫折的时候，老师亲切的教诲会在耳旁响起，鼓励你更勇敢地去面对。

  时光飞逝，光阴似箭，转眼间，又到了毕业季，我也面临要和最喜欢的老师分开的时刻了，虽然我十分不舍，但是天下没有不散的筵席。我会接纳和处理好与母校和老师的离别之情，我还会好好想想怎么和老师告别，可能写一封信，可能做一件小手工，也可能添加联系方式……不同的老师，我会用不一样的方式来告别。

  此外，我还知道了哭、倾诉和书写这3个调节情绪的方法，在未来成长的道路上，我肯定会经历很多的相遇与分别，我会控制好情绪，积极向着未来进发。

姜梦琪

14 外公去世了，我的心情很不好

我的烦恼

上个星期，我的外公去世了。国庆节的时候我们回家看他，他还笑着跟我们说话，结果没过几天病情就恶化了，外公就这样走了。之后，很多关于外公的记忆浮现在我的脑海里。小时候，外公常常带我去钓鱼，还总逗我开心。可是以后，我再也看不到外公，再也听不到外公的声音了。我的心情很不好，不知道该怎么办。

——安安

心语小使者

安安同学，你好。看了你的"心语漂流瓶"后，我心里感到了一丝沉重。我很能理解你的心情，因为我也有一段和外公的美好记忆。记得小时候骑在外公脖子上时开心的情景，也记得外公牵着我去公园踢球。但现在他的身体很不好，如果有一天，再也见不到外公了，我一定也会和你一样伤心的。真希望现在可以给你一个拥抱，也希望我的陪伴和建议能给你带来一些帮助，让你能够早日振作起来。

烦恼橡皮擦

❋ 接纳并允许自己伤心

允许自己沉浸在对外公的思念和不舍中一段时间。你和外公的感情很深，当外公离去后，你一定是很难过的，这是正常的情绪。你难过并没有错，你可以让自己伤心一段时间。

❋ 找到合适的方法，来释放你的情绪

难过的感觉就好像走进了一个阴暗的大森林。在这份难过的背后，是你对外公的爱和感恩。要让阴暗的森林充满阳光，就要把对外公的爱和感恩释放出来。你可以给外公写一封信，在信中，告诉他你的心情，你对他的回忆，你对他的想念和喜欢。虽然外公看不见这封信，但是你已经把这份对外公的爱记录了下来。你还可以在放学后向家人倾诉或在周末和好朋友聊聊天，把你的情感说出来，分享你对外公的记忆和感受。也可以在早上难过的时候用10分钟写一份心情日记，把每一天对外公的思念记录下来。

✤ 思考有关死亡的问题，接受死亡是一件不可避免的事情

人、植物、动物等都会经历由生到死的自然过程，谁也不能例外。我们所要做的是选择精彩地活着，珍惜每一天，珍惜身边每一位亲友。而且，当我们思考死亡话题的时候，这其实是我们的智慧正在萌芽。

同学来信

安安的外公去世了，他十分伤心。"心语小使者"给安安的建议很好，给外公写一封信，把对外公的爱和感恩释放出来。我也能理解安安的心情，在去年7月的时候我的外公因肺癌恶化而去世了，因为疫情我没能见到外公最后一面。当时我写了一封信给外公，我认真朗读着这封信，希望外公在天上能听到。外婆告诉我一定要快乐起来，说不定外公正在天上看着我。虽然我已经不能看见外公了，但外公仍在我心里，所以，安安你一定要振作起来！

郑雅文

15 要转学了，同学们都舍不得我，我很难过

我的烦恼

我今年上小学五年级了。最近遇到了一件让我很烦心的事情，我快要转学了，同学们都舍不得我，我的心情也不好，我该怎么办？

——匿名

心语小使者

同学，你应该意识到了，转学不仅仅是换个学校学习那么简单，转学意味着你要离开多年的朋友、同学和老师；转学还意味着你要面对新的同学和老师，要适应新的学校环境和学习进度。转学确实是一种离别，但这是家庭无奈的决定。

你不能改变它，只能接受它。你一定会很难过，不仅是因为自己要离开熟悉的同学和朋友，还因为同学和朋友对你的不舍。希望我的建议能给你带来一些帮助。

❀ 不要压抑自己的想法和情绪

你可以找信任的朋友去发泄情绪，如果你不想让别人看到自己的脆弱，那你也可以找一个空旷的地方大喊大叫，把埋怨的话、生气的话等统统喊出来。允许自己的情绪表达出来，这不是坏事，而是珍爱自己的做法。当然，我们选择发泄情绪的方式和环境，一定要以保证自己的安全作为前提。

❀ 认真告别，处理好同学和朋友的情绪

你可以找班里的班干部策划，并向班主任申请举办一场送别活动。如果有条件的话，你可以为每位同学准备一份纪念品，作为离别的礼物，让礼物冲淡大家离别的伤感。如果你张不开口，也可以请父母出面跟班主任沟通。另外，你还可以准备个留言纪念册，在转学前的这段时间，让同学们写下联系方式和临别留言。

❀ 珍惜转学前的时间

关于你转学的事情，最难过的莫过于你的同班好友。因为他们是每天和你相处时间最长的人。所以，你们需要多沟通，多听听彼此的想法，让友谊地久天长，不要因为时间和空间而受到影响。

❀ 相信自己可以很快适应转学后的学习生活

对未知的生活有担心，甚至恐惧，是很正常的。你不仅要熟悉和适应新学校的同学和老师，还要适应新学校开设的课程和学习进度。这对你来说，都是挑战。不过也不用太过担心，在新学校里，只要真心真诚地对待别人，别人也会真诚对待你的。

同学来信

　　看了本期"心语漂流瓶"，以及"心语小使者"的回答，我的收获非常大。我也是一名转学生。转学前，一想到要与同窗4年的同学们和亲爱的老师们离别，我总会思绪万千，想起和同学老师一起度过的美好时光，对他们恋恋不舍。另外，一想到要进入新学校，陌生的老师、陌生的同学、陌生的环境，我是既激动紧张，又充满好奇和期待。

　　现在，我把对新学校的适应当作一次挑战，将在以前学校养成的好习惯继续保持下来，把一些不好的习惯彻底改掉。我早睡早起，利用早读的时间来消化、吸收老师教的东西。日积月累，相信我肯定能取得理想的成绩。我现在在学习习惯、听课效率、写作业的速度等方面，都取得了不小的进步，相信在不久的将来我一定能更上一层楼，我也相信，我将度过最美好、最有收获的五年级！

王曦哲

16 睡觉时感觉到身体下坠,我被惊醒了

我的烦恼

我最近睡觉出问题了,有时正睡得好好的,突然感觉身体像坠入万丈深渊,一下子惊醒,吓死我了。你说这是怎么回事?我是不是生病了呀?

——匿名

心语小使者

如果你在睡觉的时候,突然感觉身体像失去平衡、踩空、坠入万丈深渊等,这些都是正常现象哦!这种情况多数发生在4岁到12岁的小孩身上,即使我们长大成年了,也还会发生这种情况。

这可能和你的睡觉姿势有密切的关系。睡觉时，你如果趴着睡，或者是压到胳膊，导致身体相应部位血流不通畅，身体便会产生不舒服的感觉，比如，腰部、手或腿的部分肌肉就可能会产生痉挛。这时，大脑就会控制身体抖一下，让你醒过来，以改变睡觉的姿势，从而让身体更加舒服。

发生这种情况，还跟你的心理状态有关。如果你白天感到过度紧张、悲伤、兴奋、惊慌、焦虑等，夜间有可能会发生做噩梦或者惊醒的现象。假如最近听了恐怖的故事，或者看了类似的电影、书籍，睡觉时就很容易做一些被人或动物追逐的噩梦，也可能会有坠入深渊的感觉。

❋ 调整睡姿

睡觉前，调整好睡眠姿势，尽量不要长时间侧身压着胳膊睡觉，以避免肌肉痉挛。

❋ 睡前放松心情

睡觉前，放松心情，可以听听音乐，不要想让自己烦心、产生压力、感到恐怖的事情。有烦心事，及时向老师、家长、朋友寻求帮助，缓解心理压力。

❋ 加强锻炼

平时要加强体育锻炼，让肌肉有力量，这样睡觉的时候，就会降低这种坠入万丈深渊的失重感出现的频率了。

同学来信

　　我之前以为,睡觉时感觉到身体下坠可能是心理问题,当自己觉得没有安全感的时候,就会频繁发生。现在看来,也有一定的生理原因。原来,我们睡觉时感觉往下掉是因为身体不舒服,或者白天的时候心情过于激动,或者是听了恐怖故事。

　　如果经常有下坠的感觉的话,我们可以把睡觉的姿势调整一下,注意在睡觉前放松心情。另外,我们平时要加强体育锻炼,压力过大时也可以及时向老师、家长、朋友寻求帮助,消除压力。

　　但是,如果你完全做到了以上几点,还总是有下坠感,就得上医院了。要不然的话,长此下去会影响睡眠质量,让你一整天都没有精神。

潘亭雨

第四章

专注力

专注力是指我们能够集中注意力在当前正在做的事情上,抵制各种干扰并持续专注的能力。当我们全身心地专注于一件事情时,就会进入一种心流状态,完全沉浸在当下的事情中。专注学习会带给我们更深层次的满足感和成就感。

17 上课的时候容易走神，该怎么办

我的烦恼

我上课的时候容易走神。老师讲课，我刚开始也是认真地听，但是几分钟后就会发呆、犯困，遇到难题心里就感觉很累很累。我真的很想好好学习，认真听课，但无论我怎么努力打起精神，还是老样子。我该怎么办呢？

——饺子

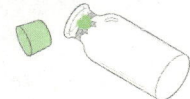

心语小使者

饺子同学，你好。你正在为上课走神、犯困而烦恼，你已经意识到自己在课堂中的问题，希望能改善目前的状况，让自己的学习效率有所提高。你知道吗？晚上没有睡好觉、没有提前预习、早上没吃早饭、课间和谁发生过不愉快的事情等,这些都有可能导致你在课堂上出现注意力不集中的现象哦。饺子同学,不知道你是属于哪种原因呢?现在我就分享一下我的心得,希望能够帮到你。

烦恼橡皮擦

🍀 合理规划学习的时间

长时间地学习对于小学生来说是一件容易疲惫的事。所以在学习上,不能硬撑。你需要合理地利用下课时间休息,做做运动,补充能量,做到劳逸结合。这样可以让自己以更好的状态来学习。

🍀 每天做好复习、预习工作

你可以在每天完成作业后,花15分钟时间复习一下当天的课堂内容。每天早上起床后,也花15分钟左右的时间预习新课。当你掌握了学过的知识,对新的知识也有了解后,就能在课堂上紧跟老师讲课的节奏。这样不仅会使专注力提高,也会让你体会到课堂中的乐趣,学习兴趣就会随之提高了。

🍀 合理作息和饮食

当我们在睡觉时,大脑会对每天的信息进行整理,身体的各个器官也都能得到休息。好的睡眠不仅有助于记忆力的增强,还能提高专注力和思维

能力。因此,把睡眠时间规划好可以让学习更有效率,上课时的精神更加集中。最好少吃零食,不挑食。在生长发育的关键阶段,均衡的营养能让你拥有健康的身体,并以旺盛的精力投入学习中去。

❀ 解决让自己分心的外界因素

如果你有心事,你越是控制自己不去想,这件事越容易占据你的脑海,这样会让你更难受,甚至会责怪自己。这种情况下,你要寻求好朋友、父母或心理老师的帮助,来化解自己的心结。如果你最近的胃口和睡眠变差,可以请父母陪着去医院做一下检查。在医生的帮助下,及时把身体调理好,就能打起精神好好学习了。

同学来信

　　学习是一个循序渐进,并且需要持之以恒的过程。学习要不断地巩固复习前面的知识,在此基础上不断学习新知识,这时,也许会遇到困难,但是我们要有不怕困难、迎难而上的精神,这样才能成为更好的自己。

　　除了学习上有规划,还要有规律的生活,按时作息非常重要。合理、优质的睡眠既能满足我们的生长需求,又能保证我们有充沛的精力和体力投入第二天的学习和活动中。

　　人们常说:"一分耕耘,一分收获。"要想收获,就必须付出努力,希望未来大家都能获得丰硕的果实。

曹艺馨

18 写作业的时候总忍不住画画,被妈妈批评了

我的烦恼

我非常喜欢画漫画,每当我做作业的时候,就会忍不住偷偷画漫画。有时候一画就停不下来,不仅影响了做作业的速度,还在爸妈发现后被狠狠地批评了一顿,让我心里特别不好受。请问我该怎么做,才能改掉这个习惯呢?

——小舞

心语小使者

小舞同学,你好。看来你是一位很喜欢画漫画的同学。正巧我特别爱看漫画,因为漫画中的图片看起来不仅有趣,还让人感到放松和愉悦。所以,我非常能够理解你对于画漫画的喜爱。你听说过棉花糖实验吗?就是给孩子一块棉花糖,

如果这个孩子能坚持 15 分钟没有吃掉棉花糖,就会得到两块棉花糖。在后来的研究中表明,那些能够为了奖励而坚持住的小孩,长大后会更有自信心或成绩更优秀。这种延迟满足的能力可以后天培养,当你写着作业又想画漫画的时候,你可以选择先完成作业,再把画漫画作为一份奖励。在做作业的时候画画,确实是不合适的,当你控制不住自己,要去分心画漫画的时候,还可以试试下面的方法。

烦恼橡皮擦

❀ 理解自己,找到分心的原因

因为你很喜欢画漫画,所以画漫画会让你感到放松和快乐。当你在做作业时,忍不住开始涂鸦漫画,意味着你渴望转移注意力和得到放松。你可能是遇到了以下几种情况:(1)一天的学习后,身体感到疲惫了;(2)遇到不会做的难题;(3)作业多或难,感觉压力大;(4)不喜欢做某一科目的作业;(5)遇到一些烦心事压抑在心里。你可以回忆一下自己一般在什么时候控制不住去画画,来找出分心的具体原因。

❀ 重视自身感受,调整写作业的时间和顺序

找到分心的缘由后,可以对每天做作业的时间做出一些调整。如果因为放学后感觉太累了,可以先在家门口做一些运动后再做作业,这样能使眼睛放松,也使身体得到舒展;如果是因为遇到难题,可以把它们留到最后做,当做完其他作业后,给自己一些休息调整的时间,再攻

克这些难题。当你找到了分心的原因，并做出调整后，不仅会得到父母的理解，也会让你感觉更舒适，写作业时也就不需要通过画画来调整了。

✿ 为自己安排一段真正属于画漫画的时间

你可以和父母沟通，请他们帮你购买正规的漫画教材。每个周末，为自己安排自学画画的时间，你不仅可以自由自在地画漫画，还能自学到新的画法、提升你的画画技能。你就再也不用偷偷摸摸地画了，让画漫画成为你真正的兴趣爱好。当结束了一周的学习，这段画漫画的时间会帮助你调整自己，以便以更好的精神面貌去迎接下一周的学习。

同学来信

读了"心语小使者"的回答后我受益良多，如何在爱好与学业间取舍一直是我们思索的问题。

人们常说："有兴趣爱好的人生，才是有趣的人生。"兴趣爱好可以使我们更加热爱生活，珍惜时光，让我们在生活中更加积极向上，充满正能量，还能拓宽我们的知识面。一个会画画的人，不论在学校还是其他的集体环境里，只要有绘画的机会，就能展示自己的优势，这样会让自己更自信。兴趣是最好的老师，因此兴趣爱好不能丢。

作为一名学生，现阶段最重要的任务是学习。学习关乎我们的成长，以及未来的职业发展。如果为了兴趣爱好而放弃学业的话，对我们来说有害无利；如果能找到学习与兴趣的平衡点，真正做到"学就学个踏实，玩就玩个痛快"，那我们就可以在学习与兴趣爱好间游刃有余。总而言之，首先，我们要明确学生的主要任务是学习；其次，我们要合理分配学习和兴趣爱好的时间；最后，我们可以慢慢地把学习演变为一种兴趣爱好，让自己在快乐的情绪下学习。

胥家良

19 每次想写作业的时候，都不能静下心来

我的烦恼

每次我想写作业的时候，家里和心里都非常不安静，害得我连作业都写不下去。我该怎么办？

——龙骑士

心语小使者

龙骑士同学，你好。看了你的烦恼，我努力去回忆自己做作业时心里不安静的感受。我也想到了自己类似的感受，那就是当妈妈和老师在我身边的时候，我做作业，哪怕是写字，都会异常紧张，内心不得安静。经过我的努力和沟通，我现在获得了妈妈的信任，可以独立完成作业了。

所以，我想对你说的是，每个人写作业的时候，内心不安静一定是有原因的。你需要找到真正让你内心不安静的原因。找到了原因，才能有的放矢帮到自己。下面分享下我的想法吧！

烦恼橡皮擦

❁ 让父母为你提供做作业的安静环境

如果家里比较嘈杂，可以尝试与父母沟通，在你做作业的时候，家长不要看电视，或者走来走去等。通常你提出建议后，情况就会有所好转。如果你与父母沟通过，但是失败了，你可以和班主任沟通，或者向学校心理老师倾诉，也可以通过老师的帮助转告父母，让父母重视你的想法和感受。

❁ 与父母沟通，不要在你写作业时干扰你

很多同学写作业时，父母就陪在旁边，他们左一句批评，右一句指责，甚至发火摔东西。我妈也是这样的，当她盯着我做作业时，我就特别紧张。

所以我提出让爸爸陪我写作业，并且在他陪我的时候表现特别优秀。之后我会和他说："爸爸，你们每天工作已经很辛苦了，还要陪着我做作业，你们对我真的太好了。我能够管好自己的学习，要不您好好休息一下，当遇到困难，我会找您的。"

✿ 查找自身原因,努力养成良好的做作业习惯

如果你因为上课不认真听讲,导致作业不会做,或学习某一学科感到非常吃力,一做作业就头疼,而导致心里不安静。那么,你一定要重视起来,毕竟学习是自己的事情,要养成良好的听课习惯和学习习惯,改变弱势学科的学习方法。同时做好时间管理,努力养成良好的做作业习惯,遵循"先做作业后娱乐"的原则。

同学来信

看了本期"心语漂流瓶",我也有着同样的问题。"心语小使者"的回答非常有针对性,我们一定要发现问题,努力寻找解决的方法,我也非常认可"心语小使者"的话。我觉得可以让这位龙骑士大胆地让父母给自己一个独立的空间,当然,做作业时自己的心也要安静下来。

我模仿"心语小使者"的话,向爸爸表达了自己的想法。没想到,效果真的不错;爸爸不再像以前那么严苛,也会试着听我的想法。原来,沟通真的是一门艺术。

吴雨泽

20 上课的时候,忍不住想着打游戏,该怎么办

我的烦恼

这个寒假,我没回老家,因为爸妈要上班。以前,爸妈只让我周末玩游戏。这一次,我终于能畅快玩了。可是,开学已经好几天了,在上课时,我注意力不集中,总想着打游戏,妈妈说我网络成瘾了,以后不允许我玩游戏,我该怎么办?

——悲伤的小鲁班

心语小使者

悲伤的小鲁班同学,你好。一般网络成瘾的标志是玩网络游戏已经严重影响到学习和生活,比如学习成绩大幅度下降;不上网的时候,会产生强烈地想上网打游戏的想法;若不能上网打游戏,身体会感到不舒服,甚至心里烦躁;爸妈

不让你玩游戏，你会生气发火；等等。如果这些症状都有的话，那么，你可能就是网络成瘾了。

从你的留言来看，你只是上课有些精神不集中，偶尔会想着打游戏，所以你不用担心自己是网络成瘾。其实，我们做事情都是有惯性的。这种惯性不仅体现在行为上，我们的思维和身体也会有惯性，因为我们的大脑和身体是有记忆的。寒假里，我们的大脑一直接触游戏，开学了，由于不能接触游戏，所以，大脑会闪现一些画面，这是很正常的。一般来说，需要一到两个星期，我们的大脑和身体就会调整到正常的学习状态中。

你知道网络游戏为什么这么吸引人吗？网络游戏生动的画面，激昂的音乐，有趣的情节，会对我们造成强烈的感官刺激，特别容易吸引我们去探索和体验，再加上打游戏过程中"过关斩将"，让我们很有成就感。更重要的是，打游戏的时候，一般都是以团队的形式，我们的一举一动都影响着团队的生死，这种被需要、被关注的感觉，会让我们备加着迷，让我们更喜欢待在游戏里。

尤其当现实生活中有不如意的时候，比如学习成绩不好，或者总解不出题；与同学交往中，总是被孤立，没有同学和自己一起玩。这时，我们就更容易"钻进"游戏世界了，因为在网络游戏里，我们可以轻松获得成就感和归属感。

但是，我们要知道，网络游戏虽然可以让我们获得一定的成就感和归属感，同时也会对我们产生一些负面影响。

❂ 觉察并反省自己受到网络游戏影响的程度，并加以控制

如果我们在课堂上，心里总想着打游戏，这个时候就要注意了。网络游戏已经影响我们学习功课了，这就需要我们从时间上、思想上多加克制；当朋友约我们一起出去玩，我们总是宁愿上网打游戏，也不愿意出去时，这

可能是我们的社交功能受到影响了，接下来就要多安排点时间和朋友一起进行户外活动了。

✿ 尝试给学习增加一些游戏感

为学习设计一些游戏关卡或者游戏任务，并设置一些奖励，当完成一项任务，或成功挑战一个关卡，就会体验到学习的快乐。比如将作业时间作为游戏关卡，将攻克一道难题、背诵一篇课文作为游戏任务。我们也可以和爸妈沟通，让他们了解你设计的任务清单以及奖励清单，当得到爸妈的支持时，你的学习兴趣和学习能力会有明显提高，亲子关系也会得到很大的改善。

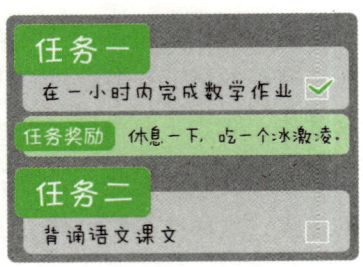

✿ 制定规则，合理调整游戏和休息时间

和爸妈事先沟通好，制定合理的网络使用时间，比如平时上学时玩多久，周末玩多久，约定好如果不遵守网络使用规则，将接受什么样的惩罚。一般来说，我们重视并遵守这些约定内容，就能够保护好我们在家的网络游戏时间，否则可能会全部丧失哦。

所以，要想获得玩游戏的机会，就要好好调整自己，好好学习，然后用良好的习惯和学习成绩，去向爸妈争取。加油吧！

　　"心语小使者"说得很好,在假期里玩游戏,会刺激我们的大脑,让我们形成一种惯性。不过在开学后,大脑也会随着开学而调整到学习状态。在游戏中,我们常常会以团体形式参加游戏,我们的一举一动都关系着整个团队的成败,这种感觉让我们备感珍惜。如果我们在日常学习中不停地想着玩游戏,那么就要注意可能是网络成瘾了。我们可以规划时间来玩游戏,如在周六、周日晚上的8:00—9:00玩游戏,这段时间也是未成年人网络游戏防沉迷系统的开放时间。总而言之,如果你要上网玩游戏,就要有节制,小心网络成瘾。

鲍晨昕

21 妈妈没收了我所有的课外书，该怎么办

我的烦恼

因为我上学期学习成绩不理想，这个学期开始，妈妈没收了我所有的课外书，连我最喜欢的"哈利·波特"系列也没收了。我感到非常伤心和沮丧。希望你能帮帮我。

——猫头鹰海德

心语小使者

猫头鹰海德同学，你好。不仅是你，每位同学都会有自己爱不释手的书。就拿我来说吧，我最喜欢的书是"纳尼亚传奇"系列。每当很疲惫或者心情不好的时候，只要捧起其中的一本，跟随书中小伙伴们的冒险足迹，神游在那个奇幻

世界里，我就会感觉到兴奋、刺激、快乐，所有的疲劳瞬间一扫而光。

所以，我非常能够理解你看课外书时的快乐，失去书时的难过心情。但你要明白，妈妈没收课外书的导火索是你上学期考试成绩不理想，那解决你的烦恼可能要以提高成绩作为突破口。你需要鼓起劲来，努力学习。让我们一起来解决这件事，希望你能从中得到一些启发。

烦恼橡皮擦

❀ 调节心情，明白这些书将来还能回到你手中

你要明白你的书只是暂时被没收了，并没有永远地离开你，你可以通过努力，让它们重新回到你手上。妈妈当时为你买这些书，是希望你能从阅读中获得知识，增长见识，所以她是支持你阅读课外书的。你可以使用"心情记录本"来调节情绪，将以前阅读课外书的时间用来记录心情，不管是难过的还是平静的，无聊的还是充实的，都写下来。

❀ 让妈妈看到，看课外书并不会影响你的学习

作业、复习和预习完成，收拾下书桌和房间吧。

妈妈之所以会没收你的课外书，是因为她发现你看课外书影响了你的学习，这是她最大的顾虑。你可以从以下两个方面做起：认真完成学校的作业，并在完成作业后做好复习和预习工作；为周末制定学习娱乐的时间计划表，安排好学习时间、家务时间、课外娱乐时间。这样就可以在安排好的课外娱乐时间里看课外书了。

✿ 珍惜拿回来的课外书

当你拿回了课外书后,要学会与你的课外书相处。这些课外书就像是你心爱的伙伴,所以,要腾出一个地方有序地摆放好它们,平时不随便翻看它们,也不把它们随手乱放。要按照你的时间安排表,在真正属于课外阅读的时间里翻看它们。

阅读课外书,是一种非常好的休闲方式。不仅能增长我们的见识,还能启迪我们的智慧。我很喜欢看课外书,看了本期"心语漂流瓶",我知道一定要好好守住课外阅读的时间和权利。但如果光顾着看课外书,影响到每天学习任务的完成,甚至影响考试成绩的话,我大概率也不能再看课外书了。

当然,我也知道爸妈一时的惩戒都是为了我好。如果以后不小心犯了错,我要先让自己的心情放松下来,要相信爸妈是爱自己的。我也要在错误中吸取教训,让自己变得更加优秀和强大。

张子敬

第五章

意志力

意志力是指在面对各种困难和挑战的时候，我们能够坚持自己的目标，并控制自己的行为的能力。无论是在学习、运动还是在兴趣爱好中，强大的意志力都能使我们更加投入、专注，并且有条不紊地行动。

22 我的理想是当作家，可是我成绩不是很好

我的烦恼

我的作业写得非常差，学习成绩也不怎么好，可我的理想是当作家，我该怎么办？

——贾巴鹿

心语小使者

贾巴鹿同学，我们很多人都有理想，只是当理想与现实碰撞的时候，我们会发现现实是残酷的，似乎自己到达不了理想的彼岸。但事实上真的是你没能力，到达不了吗？还是因为你放弃了，才到达不了？

学习成绩不好，就一定不能成为作家吗？其实不一定。

理想会激发我们的斗志，帮我们克服前进中的困难，最终照亮我们的人生。也许大家不相信。现在我来分享几个例子。

✿ 成绩差绝不等于脑袋笨，成绩差也同样能成才

大名鼎鼎的物理学家牛顿、生物学家达尔文、诗人拜伦、诗人雪莱、作家歌德、文学家郭沫若等，他们当年在学校里的学习成绩都不佳。

大文学家巴尔扎克、大仲马，在学校里也是"差等生"。

大发明家爱迪生和我国著名数学家华罗庚，更是曾被人视为"笨蛋"。华罗庚因为成绩差没有拿到小学毕业证，他说，他认识到自己的资质比别人差，就应该比别人更加努力。在前期打基础的时候，别人用一个小时学习，他就花两个小时。聪明在于学习，天才在于勤奋。华罗庚采取深度学习、独立思考、自觉主动、挑战高手、持之以恒的学习方法，终于成了大数学家。

这些人在求学时期成绩不佳，在此后的人生道路上却各展其才，在他们各自擅长的领域里成就卓越，大显神威，成为人们所仰慕的杰出人物。这么多例子说明小时候学习成绩差，长大后也能成才并不是偶然案例。

❀ 不放弃理想，坚持为理想而奋斗

现在学习成绩不好，并不像你想象的那么可怕，别因为他人的话语，动摇自己的理想，我们甚至可以把别人的嘲笑当作奋斗的动力，更加坚定自己的理想。相信只要你花了时间和精力，坚持不懈，为理想奋斗，就一定会有所收获。

同学来信

读完"心语小使者"的回复，我感触很多。小时候我梦想长大当一名老师，但是我天生性格比较内向，不善于表达，学习成绩也不好，这些"缺点"让我一度很不自信，觉得自己的理想跟现实相比，简直就是天方夜谭，是不可能实现的。知道我的想法后，爸爸妈妈经常鼓励我多参加集体活动，多跟小朋友一块儿玩，平时我取得一点小小的进步，他们会及时给予表扬和肯定。渐渐地我变得比以前开朗自信了，语言表达能力增强了，学习成绩也提高了。所以，我们要相信自己，暂时的落后不是真的落后，只要坚定理想，并且持之以恒地为之付出努力，梦想终究会有实现的一天，加油！

朱非墨

23 临近考级,妈妈越严格,我越不想练琴

我的烦恼

我就要考钢琴十级了,心里非常紧张,最近练习的时候状态也不对,时好时坏。我喜欢弹钢琴,平常练琴妈妈就对我很严格,最近妈妈对我更加苛刻了,不仅练琴时间延长了,而且她说话的语气也更凶了,我感觉状态越来越不好,越来越不喜欢弹琴了,我该怎么办?

——夜曲小青蛙

心语小使者

夜曲小青蛙同学,你好。其实,我感觉更多的问题在你妈妈身上。因为,她担心你考不过,过分焦虑,所以就让你加长练琴时间,当你练不好的时候,就会凶你。学钢琴本是一种兴趣爱好,可是被我们的父母赋予了别的东西。

比如承载着"望子成龙，望女成凤"的愿望，希望我们多学一点，为长大多做一些准备。

我们都知道父母这么做的本意是为了我们好，但这让我们失去了对钢琴的兴趣和热爱。我身边也有学钢琴的"大神"，原本热爱钢琴的他们也因此逐渐变得讨厌钢琴了。他们经常说，都不考级了，还练什么。他们学琴的兴趣就这样被磨灭了。你是喜欢弹钢琴的，我希望你不要因为父母的言行而放弃学琴。下面分享一些我的建议。

烦恼橡皮擦

❀ 和父母加强沟通，选择恰当的方式让他们知道我们的感受和想法

很多时候父母看起来只关注结果，比如我们琴弹得熟不熟，谱子记住了没，好像全然不顾我们练习的感受与辛苦。父母也是需要成长的，你可以和他们倾诉，让他们知道你的感受和想法，这会获得他们更多的理解和支持。请不要放弃与父母沟通。加油哦！

❀ 调整好心态，规划好练琴时间

你可以利用自己一天当中练琴效果最佳的时间点，勤奋练习考级的曲目，另外也去打听打听，一般考试是上午还是下午。然后在考试相应的时间段加强训练，让自己的身体熟悉考试时间。

🍀 **练琴虽然枯燥，但对热爱和兴趣的坚持会带给我们更多的快乐和成就感**

练琴有时候是枯燥的，有时家长的指责会让我们心生厌倦。可是，不要放弃热爱和兴趣的初心，它带给我们的不仅是挑战，更多的是快乐。所以，在未来的人生路上，不要因为考完级了，就松懈下来，甚至放弃了。学着回归初心，用最开始对它的喜爱继续探索，让它像朋友一样陪伴自己，丰富我们的人生。

同学来信

夜曲小青蛙同学你好，看了你的"心语漂流瓶"后，我的第一感觉是你真厉害，都要考钢琴十级了。我才考了七级呢。其实原来考级时，我也是这个样子的。妈妈经常说"就最后一两个月了，考试的时候是不能有错音的"之类的话，弄得我非常着急，怎么练也练不好。

我有几个方法你可以试试看。

（1）跟妈妈交流一下你的感受；

（2）可以让妈妈弹一弹你的曲子。我的妈妈虽然识谱，但还是被那密密麻麻的琴键给弄糊涂了；

（3）如果你一直弹错音，那就不要再练了，应该停下来休息5分钟到10分钟，让大脑休息一下。

最后，祝你考级顺利！

张馨子

24 爸爸说我做事总半途而废，不同意我学动漫

我的烦恼

目前我四年级。课间的时候，我和同桌都喜欢画画。通过同桌的介绍，我爱上了动漫绘画。我跟爸爸说想报班，爸爸说我以前报素描班、游泳班都半途而废了，这一次死活都不同意。我该怎么办？

——甜橙

心语小使者

甜橙同学，你好。看了你的"心语漂流瓶"，我就半途而废的话题来分享一下我的想法吧！

在我们探索兴趣时，常常会出现"三分钟热度"的现象。心理学家进行过研究，他们发现，人们在追求目标的过程中，

常常到了一半的时候，心理会变得极为敏感和脆弱，这样就容易导致半途而废，心理学上称之为"半途效应"。下面来看看怎么一步步解决吧！

❀ 真实面对自己的内心，提前了解要学习的内容

首先，我们要确定自己是否真的想长期学习动漫绘画。我们报一些兴趣班，有的时候是因为好奇，有的时候是从众心理，有的时候是为了讨好爸妈。但是通过后来的学习，发现自己根本不喜欢上那些课。所以我们可以在报兴趣班前，和同学或者爸妈一起提前了解一下报这些班可能会学到的内容和用到的教学类书籍，看自己是否有兴趣长期坚持下去。

❀ 反思自己半途而废的经历，总结放弃的原因

每个人半途而废的原因可能不同，我们可以分析自己经常放弃的理由：是因为不喜欢而放弃？是因为畏难情绪而放弃？是因为懒惰而放弃？是因为没有信心而放弃？是因为别人觉得你不行而放弃？……只有找到自己半途而废的原因，才能更好地帮助自己战胜这种心理。

❀ 真诚主动地和爸爸沟通，并用实际行动表明决心

爸爸不知道你是真正爱好还是一时兴起，所以会用你之前半途而废的经历拒绝你，如果你把自己的想法告诉了他，说不定就会得到支持。你还可以通过写保证书，让爸爸知道你对动漫的喜爱，以及报班的决心。另外，你也

可以通过坚持每天跑步、整理书房等行动向爸爸证明你不会再半途而废了。

❀ 写信表达、积极自我暗示、通过其他方式学习动漫绘画

（1）写一封信给爸爸。把你以前半途而废的原因说清楚，并将自己对动漫的喜爱之情，以及保证不再半途而废的决心等统统写进去，在适当的时候交给爸爸。

（2）准备几句积极的自我暗示的话。当萌发半途而废的念头的时候，你就对自己说上几遍——"动漫是我的最爱，我可以克服困难，战胜一切。""我可以休息，但是不能放弃。"

（3）如果沟通再次失败，不要因此心灰意冷。报班只是学习动漫的一种较为速成的方法。你还可以向同桌学习，看相关书籍学习，还可以通过网络视频资源来学习等。你坚持自学动漫的行为，被爸爸看在眼里，说不定下次沟通就能够得到他的支持。

 同学来信

甜橙同学，其实我非常羡慕你。我上四年级的时候，爱上了弹钢琴。我非常喜欢在家里学琴，可是最近学习有些吃力，妈妈就不让学钢琴了，我每天大量的课余时间都用在做作业及学习上。我觉得你有时间发展兴趣爱好，真的是很快乐的事。我希望你不管出现什么情况，都别放弃兴趣爱好。我们一起坚守梦想，收拾好心情，等待时机和爸爸妈妈好好沟通，要用行动证明我们能坚持下去，也能兼顾好学习。

毛逸飞

25 我想坚持一个月不发火，可同学让我"破防"了

我的烦恼

我正在上五年级。同桌经常惹我生气，自从上次与他发完火后，我决定一个月内不发火。可是今天课间的时候，前排同学不断惹我，我实在忍不住又发火了。我很生气，我忍了21天了，都怪他，让我前功尽弃。请你帮帮我。

——喷火娃

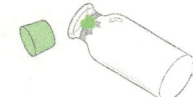

心语小使者

喷火娃同学，我非常能理解你的烦恼。遇到烦人的同学是一件很令人头疼的事，你不想再采用发火的方式处理与同学之间的冲突，我为你点赞。长期发火不仅会给我们的身体带来伤害，还会令其他同学对你采取回避的态度，

不利于形成良好的人际关系。

你知道吗？控制情绪不是压抑情绪，而是把不良情绪通过合适的方式表达出来。有的人似乎没有把情绪表达出来就消气了，那可能是他们用了转变想法和换位思考等方式把情绪消化了。总之，你能坚持 21 天不发火，已经很了不起了。接下来，我就坚持改变的话题与你分享一下我的想法吧！

烦恼橡皮擦

❀ 坚定目标，成为自己喜欢的样子

你坚持了 21 天不发火，说明你希望自己之前经常发火的状态能有所改变。别人可能不知道你发怒的前因后果，你也许不想被同学、老师看成是一个脾气暴躁的人，不想成为同学远离、害怕的人。所以，你要坚定自己的目标，不要因一时的失败就放弃改变自己的初衷。

❀ 转换视角，看到自己的努力和进步

在学校里，我相信你不会无缘无故就发火，估计是同学的言行举止惹到你了。你能一次次忍住不发火，并且能够坚持 21 天，说明你在改变自己的路上下定了决心并付出了努力。你可以对自己重复说："我很了不起，都坚持 21 天了。要继续加油！"当换一个视角看这件事，我们的心情就会大不一样。

🍀 改变方法，好脾气不是忍出来的

当别人的言行让我不舒服了，如果对方是初犯，我会很大度地原谅他，并告知他以后不要这么做了。如果对方不是初犯，我一定会采取适当的行动，不能让他觉得我是好欺负的。爸爸告诉我，女孩子一定要有保护我的意识，当有人欺负我，且自己不能解决时，不能自己憋着，一定要告诉老师和家长。所以，喷火娃同学，我们除了发火和不发火，还可以学习处理这类事情的方法，比如寻求别人的帮助。

🍀 接纳我们的情绪，情绪是信号，是我们的朋友

当愤怒情绪来临，我们不能使用伤害自己和他人的方式来发泄情绪，但是可以使用适当的方法来纾解。比如可以写日记、涂鸦，也可以对激怒你的同学，大声说出你不舒服的感受等。

同学来信

我有一个朋友，他平时挺热心肠，经常帮助我。不过他有个缺点，就是大家不能惹他，如果有人惹他，他就像一枚炸弹，一点就炸，让我惊讶的是平时和他走得近的同学，也跟他一样。我经常看到他们打打闹闹之后，就被"请"进办公室，接受老师"爱的教育"。

其实，他跟我说过，他也想改掉爱发火的毛病，可是过不了几天，就会忍不住发火。今天看了这期"心语漂流瓶"，我找到了帮助他改掉暴脾气的方法。我打算趁他心情好的时候，和他推心置腹地聊一聊。

王孙怡

26 一个人的时候，我害怕有鬼，该怎么办

我的烦恼

最近不知道为什么我变得非常胆小。晚上，当我一个人的时候，只要附近有一点声音，我就以为鬼来了，明知世上没鬼，但依然很怕。有一次妈妈叫我去楼上拿东西，我总觉得后面有鬼要抓我，全身汗毛倒竖，只好故意边走边说话或哼支歌来壮胆。天哪！为什么会这样？我什么时候才能不这么怕鬼？请你帮帮我。

——小汐同学

心语小使者

小汐同学，你好。悄悄告诉你，我曾经也很害怕鬼。特别是在晚上或自己一个人时，我就想象周围有可怕的东西向我走来，每次都把自己吓得够呛。我把我的感受告诉了妈妈，那段时间，妈妈每天晚上都会陪我聊天，在她的帮助下，我

终于克服了恐惧心理。你有什么事记得多跟爸妈沟通,家人是你永远的后盾。希望下面我分享的一些方法能够给你带来帮助。

烦恼橡皮擦

✿ 接纳自己害怕的心情

害怕是感受的一种自然流露,每个人在这个世界上都有自己害怕的东西,有的人害怕蟑螂,有的人害怕蛇,有的人害怕黑,害怕鬼也是能让人理解的。特别是当你看了一些有恐怖内容的影视作品后,脑海中就更有画面感了,也就更加害怕了。所以当你感到害怕的时候,不用着急,允许自己害怕,允许自己产生这种感觉。这样才能帮助你更好地放松下来。

✿ 多进行体育锻炼

平时可以着重培养一些体育爱好,比如球类、游泳等,通过磨炼自己的意志力增加胆量。另外,在经过锻炼后,你的体质也会增强,体质的增强也会给自己带来更多的信心。有了良好的身体素质,就不会像以前那样紧张了。

✿ 面对你最害怕的鬼,而不是回避

从"心语漂流瓶"里,可以看出你非常有想象力。你的脑海里一定想象着鬼的样子。与其总是疑神疑鬼地担心,不如就好好面对这个自己虚幻出来的鬼。你可以在明亮的地方,或是爸爸妈妈在身边

的时候，把脑海里令你害怕的那个鬼描述出来，或者画出来。包括这个鬼有什么能力，是好是坏，害怕什么等。你会发现，当你去面对脑海里的这个鬼的时候，你反而没有那么害怕了。

❀ 学会转移注意力

把注意力从鬼魂转移到其他方面。例如，做一些自己感兴趣的事，或者阅读感兴趣的小说，听一些喜欢的音乐等。当你每天有很多想做的事情要去做的时候，就不会过分关注自己对鬼的害怕了。不把害怕当回事，那么害怕就不会成为困扰你的问题。当我们对其不管不顾的时候，你的恐惧心理也就不会那样强烈了。

同学来信

怕"鬼"其实是害怕情绪的自然流露，是一种正常的心理现象。

想要解决这个问题，可以通过转移注意力来实现。你可以做别的事情，不过分注意"鬼"，例如做运动既可以强身健体又可以增强自信心。

如果你觉得转移注意力这个方法治标不治本，那就只能直面问题了。你要知道，现实中并没有能够证明鬼存在的证据，很多奇怪的现象都可以用科学来解释。我们要勇于面对，相信科学，不要疑神疑鬼。

林天捷

第六章

社交力

社交力是指我们与他人交往过程中，能够有效沟通、建立关系、合作、解决冲突和适应社交环境的能力。社交力是可以通过后天培养的。

27 我不想因为胆子小，失去很多机会

我的烦恼

我的胆子特别小。有时候同学们在课间聊天，我也不敢加入进去。还有一次班会课上，老师征集才艺表演的节目，虽然我会弹吉他，但总感觉很害羞，也不敢举手。就因为我的胆子小，失去了很多交朋友和展现才艺的机会。我不想再失去这些机会了。请你帮帮我。

——九尾狐妖

心语小使者

九尾狐妖同学，你好。你会弹吉他，这可是个很酷的技能呢！我们都知道，学吉他手指会比较疼，要坚持学下去是需要意志力和对音乐的热爱来支撑的，所以，想必你就是拥有这些能力的人吧。当我看到你希望和同学们交朋友，而又

感到害羞的时候，我感受到了你友善和可爱的一面。我想，如果在我的身边出现这样一位同学，我会非常愿意和她做朋友的。

那么怎样克服害羞心理，勇敢为自己去争取呢？

烦恼橡皮擦

❀ 多了解自己，更全面地认识自己

就拿我来说吧，我曾经认为自己的缺点多于优点，因为我做事情常常慢吞吞的，总被人笑话比蜗牛还慢。后来经过一些事情，我发现原来过去我对自己的看法是不全面的。自己虽然有缺点，但也有不少优点呢。在这里我教你一个方法：你拿一张纸，从中间对折，一边写上自己的优点，

一边写上自己的缺点。不仅写你自己对自己的认识，还可以请父母、老师、同学帮忙，一起写。在身边人的帮助下，你会认识一个全新的自己。这对你建立自信心有很大的帮助。

❀ 找到自己担心的事情

当老师征集才艺表演的时候，你想展现才艺却又不敢举手。当你想加入同学的聊天时，又不敢过去。表面上看起来是胆小，其实背后藏着你担心的事情。比如你可能担心表演会出错，担心和同学们聊

天时接不上话题等。把你担心的事说出来，或写下来，去面对这些事，才能想办法来克服。在一

次次克服中，你就会变得更加勇敢了。

❀ 定一个相对容易的小目标先行动起来

你可以在老师征集才艺表演的时候，报名演奏你最熟悉、最拿手的曲子。还可以在课余时间和离你最近的同学主动聊天，从同桌开始，到坐在你前面或后面的同学。千里之行，始于足下，当你跨出了第一步，就已经向着你的愿望启程了。满怀信心，抓住属于你的机

同学来信

　　我的性格正好和九尾狐妖同学相反，我从小就是个胆大开朗的孩子。小时候，妈妈带我出去玩，见到陌生人时，我不仅一点都不害怕，而且还主动和人打招呼，也能很快融进周围的小朋友群中，和他们玩在一起。上学后，面对老师的课堂提问，只要会的，我就积极地举手，做好回答的准备。

　　我觉得胆子小，其实是因为内心害怕失败或受挫，但因此而失去一些好的机会是很可惜的。做任何事都存在着失败的可能，万事开头难，我们既要有初生牛犊不怕虎的勇气，敢于去尝试，也要有强大的心理，敢于面对失败或挫折。人生重在体验，每一次的尝试都是一次超越、一次成功、一次自我突破。胆子大些吧，我们会收获不一样的人生！

蔡澈

28 心太软,不会拒绝,该怎么办

我的烦恼

> 我心非常软。别人求我干什么,我就干,尤其是别人一向我卖萌,我就不好意思拒绝别人了。我该怎么办?
>
> ——甘垃圾桶

心语小使者

甘垃圾桶同学,从你描述的烦恼中,我能看出你是一位乐于助人的同学,当别人向你寻求帮助的时候,你多是有求必应。

其实,你现在处于一种不会说"不"的状态,我以前也是不敢拒绝别人,尤其是成绩好的同学和好朋友的请求。我发现在我们身边，有不少同学都不会说"不"。当别人向我们提出请求时，有的同学会直接拒绝，不知不觉中给其他同学留下不好的印象；有的同学不善于表达拒绝，担心会让别人不开心，甚至讨厌自己等，从而让自己陷入痛苦之中。

❁ 不要害怕说"不"，要大胆表达自己的想法

你不愿意做一件事的时候，要勇敢地说出自己的想法。如果你有充分的理由，可以直接说出自己拒绝的原因，比如，当你没有时间去做的时候；当请求超出你能力的时候；当一些请求可能伤害到别人的时候，当这些请求你不愿意做的时候等，你都可以拒绝。

❁ 先委婉地表达歉意，再说明原因

当你拒绝别人的要求时，委婉一点，注意不要直接说"不行"，而是要先表达歉意，比如说一句"不好意思"或"对不起"，接着把拒绝的原因告诉对方，而且原因是真实的、充分的。比如说："班长，对不起，我现在没有空，我要赶紧把这道题订正完，老师还等着批阅呢。""同学，不好意思，今天晚上我不能到你家玩了，我爸妈临时决定全家要出去吃饭。"

当然，我也不是建议你一直去拒绝别人，只是希望当你内心很想拒绝的时候，能勇敢一些，说出"不"，这不会让生活变得糟糕。相反，还可能让你变得更轻松，心情变得更美好。

我以前也和这位甘垃圾桶同学一样，经常不敢拒绝别人。直到我看到"心语小使者"的解答，才知道原来可以通过不同的方式拒绝别人。向别人说"不"，也不是什么难事，但一定要根据自己的真实想法做决定。

朱孙霏

29 当上小组长，有点烦

我的烦恼

自从当上了语文组长，我烦得不得了。我不仅得看谁没交作业，还要记下没交作业的同学的名字，有时还得收齐再交给课代表。每天都要发作业、记作业和收作业，有时一天要好几次。你能帮帮我吗？

——吃鸡007号

心语小使者

吃鸡007号同学，你好。我不知道你们班是如何选举出组长的。不管是同学票选，还是老师任命，既然你成了组长，一定是得到了老师和同学的信任。所以，你要自信，相信同学和老师的眼光吧。

你为收发作业而烦恼，说明你是一个非常有责任感的人。也许同学和老师正是看到你身上有这一优点，才选择你做组长的。

当然，我也见过不少雷厉风行的组长的做法，和你分享一下。

❀ 组长从来不分发作业

当课代表把每组作业本递给相应组长时，组长会先确认拿到的作业本数量是否与他们组的人数一致，如果一致的话，他就会把作业本给他们组第一排的同学，让他自行在本组所有作业本里抽出自己的作业本，再把其余的作业本往后传递。如果拿到的作业本数量不对的话，组长一定会确认原因。比如查看作业本少了谁的，去问问课代表为何少了这位同学的作业本。当了解清楚了原因，再告知没拿到作业本的组员。

❀ 组长从来不催收作业

组长会在本子上做一个交作业清单。他知道老师一般有几项作业，一般什么时候收。于是，他就会跟组内同学沟通好，早上什么时候或课间什么时候收作业。比如，每天早上 7 点 55 分就是收作业的时间，时间一到，他就数一数桌子上的作业本是否交齐了，如果人数对的话，就在交作业清单上每个人的名字后面打个"√"，如果人数不对的话，就查出谁没交作业

本,然后在交作业清单上相应的姓名后打个"×",最后交作业给课代表的时候,告诉课代表谁没有交作业。晚交的作业本一律不收,让组员自行交给课代表或者老师。

❋ 组长的工作很能考验我们的协调能力、组织能力和沟通能力

尽管每天都是干同一件事情,但是我们要和各种不同性格的同学打交道,有的及时交作业,有的不催不交,还有的催了也不交等。所以,干好组长的工作,不是件容易的事。

慢慢来,通过实践,语文组长的活,你一定可以干好。当你把事情想清楚了,也就不会觉得那么难了。

同学来信

我是一名数学小组长,读了"心语小使者"的建议,我恍然大悟,也不再烦恼了。既然我成为组长,那么就说明我是被老师和同学认可的。在他们心中,我是可以做好数学小组长的工作的。所以,我要相信自己,一定能够管理好自己的组员。

现在,每天早上来到学校,不用我催,组员们都已经自觉交好作业。所以,桌子上每次都有一大叠作业本等着我交给老师,没来得及交作业的同学都会自觉把作业交到老师那里,为我省了许多麻烦。

舒何宇涵

30 朋友总乱拿我的东西，该怎么办

我的烦恼

我有一个朋友，经常乱拿我的东西，她还说是她的，她还经常会在我书上写字，我想和她绝交，但不知道怎么和她说，想和老师说，却又不敢。我该怎么办？

——茜茜

心语小使者

茜茜同学，你好。朋友第一次拿我的东西，我可能也会像你一样，就算了。不过如果一而再、再而三的话，那我就不同意了。我一定会表达自己的不满。所以，茜茜，你一定要有边界感，你的东西不能随便被别人使用和占有，这也是对你自己权利的一种尊重和保护。

朋友乱拿你的东西，你不舒服，甚至想和她绝交，这就是你的感受与心声，别压抑和忽视它，这是爱自己的表现哦。如果你觉得说不出口，可以用别的方式告诉她。

也许，你觉得这么做没有必要。其实，我曾经也是这么认为的。但是有些事情只有经历了，才知道对与错，也才会有改变和进步。

烦恼橡皮擦

✤ 尊重自己的感受，勇敢说出你的心声，别人才会理解你、尊重你，用你喜欢的方式来与你相处

我也是在与同学相处中，慢慢学会了不让自己受委屈，勇敢表达自己的想法。更何况，在这件事上，你才是受害者呀。你没有必要总考虑别人的感受而委屈自己。

✤ 说出你的想法，也是对友情的一种考验。因为别人对你是否尊重可以作为衡量友情的重要指标

当别人不尊重你时，你可以选择结束这份友情，也可以选择沟通让彼此接纳或者改变，以此来维系或经营这份友情。不管你做出什么选择，我觉得最大的前提就是，你的选择要能让自己心平气和。若心有不甘，心怀委屈，那么这个选择就需要斟酌是否要重新做了。

❀ 尊重你的内心，积极采取行动

如果与朋友多次沟通后依然无法解决，你真的想与她绝交，那就勇敢地说出来。跟她绝交，你别总想着这是坏事，这可能是好事呢。你想想看，因为你主动向她提出绝交，她可能会反思自己的做法，当她认识到自己的错误，就会改变自己，甚至与你重归于好呢。

如果你只是讨厌她的做法，内心还是想跟她做朋友的话，那么，你就要好好思考自己与她相处的策略和方式。比如你可以尝试从思想上接纳朋友的这个缺点，不再把拿东西和在书上写字当回事；也可以锻炼自己的沟通能力，尝试引导朋友尊重你，不在你的书上乱写等。

茜茜，好好爱自己，不管做什么，别委屈自己，一定要为自己发声，不再软弱。

 同学来信

看到茜茜同学的烦恼，我十分同情她。如果我也有这样的朋友的话，我也会像茜茜一样，想跟她绝交。我一定会说："从此以后你走你的阳关道，我过我的独木桥。"

但仔细想想，这样做其实没有必要，甚至有些过分。我们可以跟朋友说："请你以后不要再随意乱拿我的东西了，也不要在我的书上乱写字，请你尊重我！"如果她仍不改正，你可以把这件事情告诉老师，请老师帮忙调解。

我们一定要爱自己，只有自己尊重自己了，别人才会尊重我们！

吴米佳

31 和好友经常争执、怄气,我感到很伤心

我的烦恼

我和我的好朋友一直吵架。他是我最好的朋友,可我们三天两头会为了一些鸡毛蒜皮的小事情而争执、怄气,虽然最后都会和好,可总是这样,我感觉非常累,也常常感到很伤心,不想再这样下去了。

——小明同学

心语小使者

小明同学,你好。你和你最好的朋友经常吵架,这让你感到很苦恼。我非常能够理解你的心情,因为我也有一位最要好的朋友,而且我们以前也经常吵架,和好朋友吵架是一件让人感到非常伤心的事。你能够主动求助来解决这个问题,

说明你很重视也很珍惜你的这位好朋友，正在用行动来守护这份友谊。所以，我很支持你主动寻找解决方法的做法。

烦恼橡皮擦

❀ 重新看待吵架，聆听朋友的心声

虽然你们经常吵架，但你们仍然一直都是最好的朋友。每一次吵架，都能使你们更加了解彼此。因为在吵架的时候，不仅会说出一些不理智的气话，而且也会说出自己的真实感受。如果你能够用心聆听，就会发现，当你在和好朋友争吵的时候，会听到来自对方内心的呼唤。

❀ 学会善意地解读好朋友的行为

吵架的背后往往是因为双方看待事情的角度不同，这让你觉得自己被误解，甚至被伤害了，才会用生气、吵架这样的方式来保护自己。但当你转换视角，用一种善意的态度去解读好朋友的行为，就不会有这样负面的情绪了。

❀ 和好朋友约定一个表示和好的秘密动作

与好友吵架斗嘴后，即使当时想和好，我们也会感到非常不好意思。我分享给你一个小妙招，这是我和好朋友之间用的。在我们吵架后，如果一方想和好，就用肩膀撞一下对方。这就是属于我俩的暗号。我们约定：无论吵得多么不可开交，只要有一方做了

这个动作,必须马上"停火"和好。我们都非常喜欢这个方法,也一致同意了这个约定。我相信,没有人愿意和好朋友闹矛盾,也没有人想失去珍贵的友谊。你的好朋友或许也常常想找你和好呢。你也可以试试和你的好朋友做这样的约定,找到属于你们的"和解暗号"。

  好朋友是我们人生当中最珍贵的财富,和朋友相处,有时意见不合,产生分歧,吵架也在所难免。

  我们要正确看待吵架这件事情,吵架并非是坏事,而是一个友情磨合的过程,也是一种考验。虽然一直吵架,但我们仍然是最好的朋友,吵架能使我们更加了解彼此。吵架后,需要彼此冷静下来,以免冲动的气话让彼此产生隔阂。我们要找到吵架的原因。有些同学内心比较敏感,跟好朋友生气了也不会说明原因。

  想要和解,一定要坦诚相待,有什么介意的事情要跟好朋友说清楚,这样才能增进了解和友情。另外,吵架的时候我们可以换位思考一下,如果我是我的朋友,我会是怎样的心情?试着将心比心,矛盾可能很快就会化解。

徐张诺

32 发现朋友跟其他同学一起玩，我有种被抛弃感

我的烦恼

我在班里有个好朋友，以前我们特别要好，平时几乎形影不离。可是，我发现她跟其他同学也很要好。最近，她好像也不来找我玩了。我仿佛有种被抛弃和被背叛的感觉，怎么办？

——隐形的翅膀

心语小使者

隐形的翅膀同学，你好。当发现自己的朋友和别人一起玩，而自己孤单一个人时，你心里很不开心，感觉被抛弃了，甚至有种遭受背叛的感觉。这种感受和想法都是很正常的，因为很多同学都曾经有过这种体验，包括我在内。

这种"独霸"朋友的心理,一方面是因为我们内心非常在乎朋友,渴望稳定长久的友谊;另一方面是因为我们内心格外不自信,害怕一个人的那种孤独感。所以,就会把难得的一个或几个好朋友当成宝贝,不希望她们和别人一起玩。

曾经,我有一位同学,她害怕自己的朋友和别人玩后就会冷落甚至抛弃自己,因而"霸道"地不让别人亲近自己的好朋友。当她的朋友知道真相之后,非常愤怒,就跟她绝交了。这个例子告诉我们,霸占朋友反而可能会让我们失去朋友。

那我们该怎么办呢?下面分享我的一些想法。

❀ 正确理解什么是朋友

朋友是一起玩耍的伙伴,我们要互相帮助、互相爱护、制造快乐、消除烦恼。一个人可以有很多个朋友,也可以成为很多人的朋友。如果我们独霸一个人,不仅可能会失去这位朋友,还可能会失去结交其他朋友的机会。

❀ 主动和好朋友沟通内心的想法

你单方面的猜测并不一定准确,既然你们是那么亲密的朋友,可以直接将你心中的疑虑提出来:"为什么最近没有找我玩?我们之间是不是有什么误会?"你也要告诉她你心中的希望:"我想和你一直做好朋友,就像过去那样经常在一起玩。"其实,你的好朋友可能也和你一样,在猜测和担心着,如果你坦诚地表达自己的想

法，会让她松一口气，并消除你们之间的猜忌和隔阂。你也可以听到她的真实想法，了解到真正的原因。

❋ 你可以尝试结交更多的朋友

我们可以学习交朋友的技巧，跟更多的同学一起玩，尤其可以尝试和朋友的朋友一起玩，毕竟有共同的朋友，我们会更容易被他们接受，渐渐地，我们的朋友就会越来越多。比如，周末你可以邀请其他同学来家里玩，互相分享自己的兴趣、趣事、一本好书等。当你拥有了更多的朋友后，你会体会到：你和好朋友之间虽然不像过去那样形影不离，但是你们的友情会变得更可靠，你们会更理解、尊重，信赖彼此。

看了本期"心语漂流瓶"，我收获很大。我打算和好朋友开诚布公地谈一谈，尽量消除误会。首先我会反思自己，因为没认真考虑别人的感受，使得我们的关系出现了裂缝。同时我也会告诉她，好朋友并非要整天在一起，才可以长久维持友谊。我也要给好朋友一点私人的空间，让她结识更多的朋友，大伙儿一块儿出去玩，这样我们才有更多事情可以分享，珍惜大家在一起的时光。

以后的生活和学习中，我们应该大胆尝试结识新朋友，不要怕被拒绝，要学会帮助、爱护朋友，和朋友交往要互相理解、互相支持。

生活中，我有不少好朋友，我们一起玩滑板，一起画画，一起长大。以后我会更加珍惜、维护好我们之间的友情，大家共同学习，不断进步。

王塱茁　张宬溪

33 小组合作，组员不配合，我该怎么办

我的烦恼

这学期探究课老师经常布置小组探究作业，可是，我们小组的同学都推三阻四的，最后全是我一个人完成。现在，我可烦小组合作了。请你帮帮我。

——清风

心语小使者

　　清风同学，你好。看了你的"心语漂流瓶"，我非常理解你的烦恼。以前小组讨论作业分工的时候，组员经常说三句话："组长，你辛苦了！""组长，我没空。""组长，我不会。"既浪费时间，又影响心情，最后活儿还是我来干。后来，妈妈的话让我慢慢改变了想法，接下来，就小组合作的

问题来分享一下我的想法吧!

✿ 小组探究作业更能培养团队合作能力,小组的凝聚力要通过一次次作业的完成来提高

在合作的过程中,我们会碰到相处不愉快、意见有分歧的组员,这个时候,我就会想起妈妈反复对我说的一句话:"如果你能够让别人乐意和你合作,不论做什么事情,你都可以无往而不胜。"当别人不愿意合作的时候,就是考验我们沟通、合作、解决问题的能力的时候。

群体人数越多,个人出力越少的现象在小组共同完成一项作业时常会出现。比如,习惯让组长或有责任心的同学承担更多的责任,这种惰性心理常常阻碍小组作业的完成。所以,我们要想办法克服个别组员的惰性心理,学习合作共事的好方法,让每位组员都能尝到高效学习的甜头。

✿ 组长不要太强势,要尊重每位组员的想法

小组活动时,组长不能搞"一言堂",可以多听听组员的意见,即使组员的想法可能是不周全的,组长也要给予他充分表达的机会。当遇到分歧的时候,可以商量或用表决等方式来决定。

✿ 了解每位组员的优势和资源,确保每次小组作业人人都有分工,并设置任务的截止期限

有的组员家里有彩色打印机,可以负责打印资料和作品;有的组员善于

表达，可以负责成果汇报；有的组员很活泼，可以负责联络；有的组员会做演示文稿（PPT），可以负责制作汇报的课件等等。我们鼓励能力弱的组员参与，但是不能接受偷懒、"搭便车"的组员。如果哪位组员没有按时完成任务，我们可以帮助他完成，以体现全组的团结和凝聚力。

❀ 在失败或不完美中，慢慢形成团队意识和责任

由于每个人能力和态度有差异，最终小组作业完成的质量可能会不尽如人意。作为组员，不能互相埋怨，更不能因为个别能力弱、态度不积极的组员，而让自己拒绝合作学习，这是不对的。我们要迎难而上，并和组员复盘，找到不尽如人意的原因，让组员知道每个人的任务完成好坏会影响整个团队的作业质量，不能偷懒，也不能有坐享其成的心态。也可以尝试采用组长轮值制，让每位组员都能感受组长的责任并锻炼组织协调的能力。

 同学来信

对于小组探究作业，我以前也和清风同学一样不知道怎么协调团队。但后来我慢慢积累经验，也理解了老师布置小组作业的初衷就是从小培养我们团队合作的能力。从小到大，我们都习惯独立完成作业，现在要完成小组作业，这种合作学习方式，我们需要适应和学习。

我的组员里有的会制作海报，有的会制作PPT，还有的会制作视频，尽管我都会一点，但是他们更出色些。我发挥组员的优势，群策群力，小组作业完成的质量和效率提高很多呢。

田启瑞

自护力是指面临威胁或危险的不安全环境，我们能够唤醒自我保护的意识，并能够有效采取行动保护自己身体和心理安全的能力。强大的自护力可以帮助我们辨别潜在的风险，保持警觉，当危险来临时能够迅速做出正确的判断，并勇敢地采取适当的措施来保障自己的安全。

34 同桌平时总是嘲笑我,该怎么办

我的烦恼

我的同桌,他平时总是嘲笑我,害得我心情非常糟糕,我警告他很多次,不要再这样说我,可是没有用。当我要去告诉老师时,他就拦着我。我好烦,好几次被他气得头晕,没胃口,还恶心呢。我该怎么办?

——Lisa

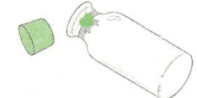

心语小使者

Lisa 同学,你好。被同桌嘲笑时,你会警告他,发现不管用后,你会选择求助老师。先警告,后求助。对于这一点,我很认可你的做法。但是,为何你的警告不奏效呢?我觉得可能有以下原因:你警告的内容没有威慑力,不足以让同桌停止嘲笑你的行为；你的同桌觉得你只是口头说说，或者他有办法让你告不了状等等。我相信你看了我的分享，会找到警告和求助的恰当方法。

烦恼橡皮擦

✿ 务必重视警告的作用，学习警告的具体方法或者向父母、老师报告

警告有两个作用：第一是通过警告，让对方知道你对他的做法感到非常生气、难过；第二是让对方知道若再不停止对你的嘲笑或伤害，你将采取行动，让他接受教育，或尝到后果。

那么如何警告呢？第一点，你要非常严肃地告知同桌，他的哪个做法让你感觉到困扰，而且很生气，并希望他以后不要这么对待你；第二点，你要明确告诉同桌，你将会向家长和老师报告，或者不再与其交往等。其中有两个注意事项：第一，你在警告同桌的时候，一定要严肃，如果你笑嘻嘻地跟他说，他不会把你的警告当真，甚至以为你在和他开玩笑；第二，你一定要说到做到，当他再次嘲笑你，你一定要向自己的父母或者老师说明情况，并寻求妥当的解决方法。

✿ 要学会保护自己，不能一味忍让

别人伤害到你的时候，你一定要学会保护自己哦。不能一味地忍让，要学会把不愉快和愤怒通过适当的方式表达出来。因为这些负面情绪长期憋在心里，很容易生病的。

要增强自我保护意识，了解自己的权利，形成自己的边界，并知道在必要时寻求帮助。

Lisa同学,我发现越是性格软弱的人越容易被欺负。所以,你要强大起来,而强大起来的方式有两个:第一个是不要被害怕的心理打败,比如不敢告诉老师和家长;第二个是学会用更多的策略去解决问题,一个策略不行,再试试别的策略,不要轻言放弃。

同学来信

　　面对同桌的嘲笑,你得用正确的方式警告对方,严肃地告诉对方你不喜欢他的做法,希望他以后不要这样对你,并告诉他如果再这样你会告诉老师和家长。如果他没有把你的警告放在心上,依旧没有任何改变的话,你可以让老师、家长去教育他,让他认识到自己的错误。

　　每个人都会犯错,也许同桌真的没有意识到那是对你的伤害,互相包容、理解、沟通才是同学之间正确的相处方式;另外家长和老师的正确引导,也是给犯错的同学一个改正错误的机会。

　　但如果别人屡屡发难,一而再、再而三地伤害到你,你就一定要学会保护自己,不要逆来顺受,一味忍让。你可以采取适当的方式来发泄自己的情绪(唱歌、旅游、吼一吼等);还应该找到正确的方式来解决问题,避免造成心理上的创伤。包容理解、沟通协商、教育引导都是解决问题的方式。不惧每一次的挫折,那都是成长的累积。要学会坚强应对你所面临的任何逆境。

彭雨宸

35 同学总是欺负我,我很生气

我的烦恼

我现在好烦恼,小刚太坏了,他总是欺负我。今天他又故意把我的新鞋子踩脏了。我该怎么办?

——匿名

心语小使者

这位同学,你好。每个班级似乎都会有一个或几个调皮鬼。他可能成绩不理想,可能不会交朋友。他的空余时间似乎很多,在没人和他玩的时候,就会东惹惹、西惹惹。而你似乎成了总被他欺负的人。

一个人总被别人欺负,一般有两种情况:一种是你在不自觉中得罪了人，别人找机会报复你；一种是你太软弱了，让别人觉得你好欺负。

所以，你要思考自己可能是哪种情况。回忆一下：当你被别人欺负时，一般是如何应对的呢？现在我分享几种应对的方法，相信总会有一种适合你。

烦恼橡皮擦

✿ 当面沟通

当别人欺负你时，你要表现出不开心、生气的样子，并告诉他："我不喜欢你这么对我，希望你下次别再这样了。""如果你想和我玩，请你问问我，愿不愿意？"记住，你不能笑着跟他说。另外，如果你被打了，千万不要追他。他本来可能就是无聊，他一惹你，你就追，他就更得意了，以后就会总来惹你。开心的是他，烦恼的可是你哦。

✿ 口头警告

假如当面说明后，他还是欺负你，你要严肃地告诉他："我上一次已经对你说了，我很不开心，但你不改，又一次欺负了我。现在，我最后给你一次机会，如果以后再来欺负我，我就告诉老师。"

❀ 求助老师和家长

在口头警告之后，他还是来欺负你。这时候，你必须跟班主任反映这些情况，让班主任来处理这件事。比如班主任会找到他的家长，请家长帮助教育他。或者，你也可以找机会直接跟他的家长沟通。

❀ 报告学校

如果求助老师之后，还是没有改变的话，你就告知自己的父母，一起向学校德育处反映情况，我相信通过学校、班主任、家长的力量一定可以帮你解决问题。

总之，办法总比烦恼多。你可以根据自己的实际情况，选择合适的方式来应对问题。

同学来信

读完这期"心语漂流瓶"，我感到豁然开朗：原来，有的同学可能是因为不会交朋友，所以才用欺负人的方式来引起他人的注意。

我还知道了"欺负"分两种，一种是你不自觉得罪了人，受到了"欺负"。比如，你在做操的时候不小心打到了他，或者你在跑步的时候，不小心踩到了他的鞋……诸如此类。我们不经意伤害了别人，对方可能要"报复"你。这时，你就要学会真诚地说"对不起"，让对方原谅你，这样，彼此还有可能成为好朋友。还有一种"欺负"叫"软柿子好拿捏"！因为你太软弱了，碰到厉害一点的人，就一声不吭。不论是哪一种，当你被欺负时，一定要采取合适的方法应对，这样才能解决问题。

左子祺

36 同学拍我的屁股，我有点害怕去学校了

我的烦恼

我们班里有一位男同学，经常嘲笑我。这就算了，我不理他就是了。有一次他特别过分，还故意拍我的屁股，看着他得意的表情，我非常生气，经过这件事，我都害怕去学校了。我真的很希望他不要再这样做了。我该怎么办呢？

——小月

心语小使者

小月同学，你好。我了解到你的班级里有一位男同学经常嘲笑你，甚至故意拍你的屁股。这是非常令人讨厌的行为。

我很理解你的心情。因为我的班里曾经也有过类似的男生，当时他以开玩笑的形式掀了女生的裙子，那位女同学当

场被气哭了。我看到那位女生红着脸，伤心地哭着。我明白她的心情，她一定感到非常羞耻，也特别气恼。后来，老师严厉地批评了这位男同学，并让他给女同学道歉，还让他写下保证书，不再欺负女同学。另外，老师还把他的家长也叫来了。我记得，关于那件事，老师对我们说，同学之间绝对不能开一些身体隐私部位的玩笑，如果14岁以上的人故意触碰他人隐私部位，那就是性骚扰，属于违法行为！从那次事件后，这名男同学就再也没有欺负过女同学。

对于这件事，我有一些建议，分享给你。

烦恼橡皮擦

❀ 以后再遇到类似行为，要马上告诉老师

在学校，老师就是能给我们帮助和保护的人。老师会帮助你把这件事情了解清楚，看他到底是想开个玩笑故意拍你的屁股，还是手不小心碰到的。如果是故意的，老师会严肃地教育他，指出这个行为的严重性。如果他不是故意的，是不小心碰到的，老师也会让他给你道歉。老师的教育会让这名同学明确自己行为的对与错，分清开玩笑的边界，使他以后不敢再这样做。

❀ 告诉父母你在学校遇到了什么事

我知道经历了这样的事情后，你的心里会有很深的羞耻感，让你一想到这件事就感到恶心，害怕别人会嘲笑你，说不定还害怕父母会说你，所以不愿意向父母提起。但是你要知道，这件事的发生并不是你的错，你是受害者，是那位同学犯了错误。

所以你是可以把你的遭遇和你的感受毫无顾虑地告诉父母的。你要相信，父母和老师都会保护你的。在得到家人的保护和理解后，你会更有安全感，去学校上课也不必再害怕了。

❀ **在校外遇到这类事情，要在保护好自己的前提下报警**

在校外的时候，如果发生了有人故意侵犯自己隐私部位的情况，首先要逃离现场，其次，在确保自己安全的前提下打电话告诉父母，然后拨打110报警。我们要学会用法律保护自己。只有大家都敢于说出来，敢于自我保护，坏人才不敢再做这样的坏事。

 同学来信

本期"心语漂流瓶"的话题是涉嫌侵犯隐私部位，我深有感触。

虽然我们只是小学生，但也要有保护自己的意识。首先，在校园里有同学欺负自己，或者在校外遇到敲诈勒索等情况，一方面，要懂得拒绝和反抗；另一方面，在自己势单力薄的情况下，先要学会自保，不要跟对方硬碰硬，在保证自身安全的前提下尽可能留下一些证据。

其次，遇到欺凌事件，要马上报告老师，告知家长，必要的时候也可以向警察叔叔求助。不要觉得没有面子或怕被打击报复，老师、家长和警察，都是我们坚强有力的守护者，能够给予我们支持和帮助。另外对于实施欺凌的一方，只有对他们进行教育和惩戒，才能使其吸取教训，减少类似事件的发生。

最后，不管是作为亲历者还是旁观者，我们都要正确面对欺凌事件。相对于身体所受到的伤害，心理上的创伤更要引起我们的重视。可以找家长、老师、同学等倾诉，有需要时可以和心理专家沟通交流，及时调整好自己的心态。

陈思齐

37 好朋友有点抑郁，我很担心，该怎么办

我的烦恼

最近我好担心我的好朋友小陈，她跟我说最近晚上都睡不好，早上不想来学校，如果不是妈妈坚持，她肯定不来上学。课间的时候，她会和我聊天，也会提及她有不想活的念头。有一次，她还坐在栏杆上，可把我吓坏了。这个念头，她是从四年级数学考试考砸之后就有的，到现在快有半年了吧。我好担心她，该怎么办？

——抹茶冰激凌

心语小使者

抹茶冰激凌同学，你好。收到你的"心语漂流瓶"，我为你的好朋友感到担忧。但她拥有你这么一位真诚热情的好朋友也是一种幸运。我相信也正是因为你身上这个优点，她才会和你结交成好朋友。

不过呢,说实话,刚拿到你的"心语漂流瓶"时,我也不知道该如何答复你。尽管我偶尔也会感到生活无趣,但那是在特定的情景之下,事情过后,我还是会努力开心度过每一天。

为此,我回家问了爸爸。爸爸和我一起查阅了资料后,我们一致认为你的好朋友抑郁倾向比较明显。所以,我建议你明天及时报告给班主任和学校心理老师。你可能觉得把好朋友的事情告诉老师会影响你们的友情。但是,我告诉你哦,正如你"心语漂流瓶"里担心的一样,你的好朋友目前处于情绪不稳定的状态,万一真的做出什么极端的行为,那真的什么都晚了。

儿童抑郁有很多危险信号,可以帮助我们来识别。

✿ 儿童抑郁有哪些信号呢

(1)好朋友对以前感兴趣的事物和活动失去兴趣了,上课也没有动力了,晚上还会失眠,跟你透露自己不如别人,对不起爸妈。

(2)好朋友跟你透露有自杀的念头和想法。

(3)好朋友或有意或无意问你从几层楼跳下去会死,或者问你"你信不信我敢从窗户跳下去"等等。

(4)好朋友有类似交代后事的言行,比如突然把最宝贵的东西送给你。

(5)毫无理由的暴躁、易怒,情绪波动大。

现在对照你在"心语漂流瓶"中的描述,你好朋友小陈的状况不容乐观。爸爸说,抑郁情绪所表现出来的危险信号,其实也可以算作是她一次次的求助信号。一方面你应该提醒好朋友要照顾好自己,另一方面也要提醒好朋友的家长理解和关注她的情绪状态。

❋ 你该怎么做呢

（1）你可以立即向班主任汇报，也可以报告给学校心理老师，心理老师会找你的好朋友，为她做心理咨询，了解情况，做风险评估。如果风险较高，心理老师会启动危机干预流程，及时帮助你的好朋友。当然，除了告诉老师和家长，你一定要为你的好朋友保密，不要向其他人透露你好朋友的相关信息。

（2）在学校，你可以抽空多陪陪她，像往常一样，倾听她的烦恼，如果你有什么不开心的事情，也可以多多讲给她听，让她知道其实我们每一个人都有自己的烦恼。也许你倾诉的烦恼可以缓解她的情绪呢。

对了，你也不要有什么思想负担，作为朋友，能觉察到她的反常，并从你的角度去帮助她，这就是朋友的担当。我支持你！

最后，"心语小使者"在这里提醒大家，看了本期主题后，要认识到不能给自己和身边的人乱贴"抑郁"的标签，是否抑郁需要由专业医生诊断。

在我们的成长中会遇到各种各样的事情,一次考试、一次争执、心爱的东西丢失、受了委屈……都会对我们的心情产生影响。面对挫折和委屈,面对突发的情况或危险,我们要大胆地说出来,寻求身边人的帮助。

作为朋友,如果发现身边的人有反常行为,我们要保持警觉,及时给予关心,送上温暖,这是作为朋友的担当。

同时,我们内心也要强大,只要不惧困难,勇敢地面对问题,与家人、老师、伙伴们一起想办法,定能克服万难,走向成功。只要心中有光,就要勇敢地向阳而生。

孙思琪

第八章

青春力

　　青春力是我们进入青春期之后,能够积极应对生理和心理变化带来的人际、情绪等问题,并保持活力和积极向上的能力。尽管青春期会给我们带来一些困扰,但它也是我们人生中最美好的时光。为了更好地迎接青春期的挑战,我们应该主动学习青春期的知识,并做好必要的准备。

38 课间游戏搂抱了同桌，同桌就被换了

我的烦恼

最近我遇到一件烦心事。体育课自由活动的时候，我很喜欢和同桌一起玩，有时还会抱住他。有一天，班主任突然就把我的同桌换成一位女生，还向我爸爸告状，说我一个女生经常搂抱男生。这件事让我感到很莫名其妙，我和弟弟一直都是这么玩的。现在以前的男同桌好像听了他妈妈的话，也不怎么和我玩了。唉，我该怎么办？

——落花生

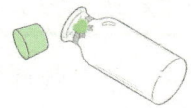

心语小使者

落花生同学，你好。我非常喜欢你的性格。通过你的描述，我猜想你是个大大咧咧、活泼开朗的女生，因为我身边也有像你一样的朋友。她特别有男生缘，男生们都很喜欢和这样随和的女生一起玩。她性格活泼开朗、说话做事都很直

爽，是非常讨人喜欢的。当然了，大大咧咧的人，也会不经意间惹出一些小麻烦。但在我看来，这种性格的优点胜过缺点。

我们在成长过程中总会伴随一些烦恼与困惑。我们不正是从中慢慢长大的吗？我相信遇到了问题，及时采取行动去面对、去纠正，一定会迎来积极的结果。

烦恼橡皮擦

❀ 主动找对方沟通，了解自己的问题

不知道你有没有想过班主任是怎么知道这件事情的，会不会是你的同桌不喜欢你抱他，于是他把事情告诉了他妈妈，然后他妈妈向班主任提出换座位。如果是这样的情况，你应该主动找那位同桌沟通，并向他表达歉意并改正自己行为。这样一来，留在彼此心里的心结就会被打开，你以前那位同桌见到你的时候也不会尴尬地避开你了。

❀ 观察别人的情绪，尊重别人的感受，及时调整相处方式

现在你回想一下你和同桌的互动，他是否有回避、挣扎的举动？我知道你和弟弟玩得开心和激动的时候，就会搂抱对方。但是你一定要分清楚，同桌不是弟弟，他是一位在学校里与你结伴学习的伙伴，和弟弟的角色是不一样的，需要你注意调整与同桌相处的方式。

❋ 和异性相处，在言行上要注意分寸

从这件事情中你要知道，有些搂抱等亲密动作只能和家人做，和异性同学玩的时候一定要注意分寸。因为你不经意的动作，可能就会给你招来一些不必要的烦恼，比如有同学会说你喜欢他，有老师担心你早恋，同学家长也会有些担心等。

❋ 对有好感的异性同学不要急于表白，沉稳地思考和观察对方的优点和品质，促进自我进步

就拿我现在来说，我已经上四年级了。班级里有一些同学会对异性产生好感，这是正常的生理和心理现象，也是比较敏感的话题。这个时候，我们要做的不是急着表白，而是要驾驭这份好感。比如去观察对方身上到底有什么优点或品质让自己产生了好感，并思考自己为什么会被这种异性吸引，从而让自己变得更加优秀。不要急于表白并为这些分心，否则会影响学习，甚至做出没有分寸的举动，那会让自己和对方的处境变得更加尴尬。

落花生同学，我相信活泼开朗的你一定可以找到方法解决自己的烦恼。

　　落花生同学，我们在成长中总会有一些困惑，如果我们想办法去解决，就会向好的方向发展。你不必为此而烦恼。你可以去了解事情是怎么被老师知道的，可能是你的同桌并不喜欢你的这种行为，告诉了老师。你可以去跟他沟通，表示已认识到自己的问题并表达歉意。

　　落花生同学，你和弟弟玩得激动时会搂抱对方，这种动作只能和家人做，但同桌不是你的家人。你想一想他是不是会有一些不舒服的感觉。别的同学看见了可能会有一些误解，这对你的名誉与学习都不好。

　　落花生同学，建议你在和异性同学玩的时候一定要注意分寸。这些是我的想法，供你参考。

王茗泽

39 我收到一封情书，该怎么办

我的烦恼

前几天我收到一封情书，是来自班里的一个男生的。我俩有时也会在一起玩，就像普通的朋友。当收到这封情书的时候，我感到特别不可思议，之后在班里见到他会感觉很尴尬。现在也不知道怎么办才好。

——沙希

心语小使者

沙希同学，你好。平时一起说说笑笑，一起上课的同学突然向你表达喜欢之情，这确实会让你感觉到很突然，也非常惊讶，甚至不知道该怎么做才好。要不要告诉父母，告诉老师？还是不去理会呢？以后是否还能做朋友呢？见面尴尬该怎么办呢？我相信，现在有一连串的问号出现在你的脑海中。

据我所知，异性交往一般有这四个阶段：两小无猜期、疏远期、接近期和爱慕期。到了高年级，我们可能会对异性产生一种好奇或好感，这是非常正常的现象。下面，我来说说我的看法吧。

✿ **收到情书并不是坏事，这说明你身上有吸引着别人的魅力**

到底是什么魅力呢？是你心地善良、乐于帮助别人，还是你认真学习、成绩优秀？是你形象气质保持得比较好，还是你乐观开朗，经常会带给别人快乐呢？无论在你身上具备了哪些优点，都说明你是一位惹人喜爱的同学。所以，这封情书可以让你看到自己被人喜欢的地方。如果你把这些优点保持下去，我相信你会变得更加优秀。

✿ **选择一个合适的时机直接告诉对方你的真实想法**

你可以写一张字条回复他，也可以在单独见面时这样告诉他："我认真地看了你给我写的信，我很高兴你能喜欢我。现在我们还是小学生，在我心里你就是一名同学和朋友，希望我们可以继续当朋友。可以在学习和成长的路上互相鼓励和帮助。"这样告诉他你的真实想法，不仅可以免除平时见面的尴尬，也能让他非常清晰地了解你的态度。

❀ 今后见到他还要和以前一样落落大方

别让这封情书成为心理负担。在对他表达了你的想法后,你要静观其变,以不变应万变。你也没必要对他的情书看得太重,淡然处之,把心静下来,做好自己的事,避免引起误解。

❀ 学会保护自己

如果这样回复后,这位同学依然多次打扰你,影响到了你的学习,这时,你可以求助老师或家长。老师和家长会及时对他进行教育和引导,说不定这位同学能从中得到成长,避免以后犯错。如果在你给他回复后,这位同学不再提起这件事,继续和你当朋友就更好了。

所以,收到情书不用过于担心。你要积极地看待这件事情,然后去坦然地应对。

同学来信

　　到了四五年级,班级里就会不时传出谁喜欢谁的流言。我也见怪不怪了。今天读了这一期的"心语漂流瓶"之后,我得到了很多启发和思考。

　　首先,我从另一个角度看待被异性喜欢的事情。收到情书并不是件坏事。收到情书说明你身上有一个或多个优点在吸引异性。你被喜欢的地方,正是你自己的优点。这个优点可能你自己也不知道,是在他人眼中展现出来的。通过这件事情,你可以重新看待自己。另外,我也知道了喜欢是一种好感,当自己萌生出对异性的好感时,我估计自己是要进入青春期了,也要学习处理异性好感和与异性交往的方法了。

　　我会接受自己对异性产生好感的事实。我会趁此机会,好好思考自己为何会被这类异性吸引,从而更好地了解自己。我也不会去表白,因为我不想让自己处于尴尬的境地,更不想影响自己的学业。当别人向我表白,我可以抽个时间私底下跟她聊一聊,还可以用小字条来交流表达自己的想法。我们现在的主要任务是学习,不要考虑其他事情。如果她老是纠缠我的话,那么我可以向家长或老师求助。

　　此外,不管怎么样,做自己很重要。认识自己,接受自己,进而喜欢自己。当发现自己的优点和喜好后,我完全可以一直保持下去,这样就会有很多同学喜欢跟我交朋友,彼此建立友谊。

晏泽弘

40 见到他就会脸红，我感到非常害羞

我的烦恼

我好像喜欢上了我们的班长，他是一位非常帅气阳光的男生，成绩也非常好，也有很多女同学喜欢他。有一次他对我笑了一下，我的脸就非常红。之后每次见到他，我都会脸红，班里的同学会笑我，我感到非常难堪和害羞。希望你能帮帮我。

——小苹果

心语小使者

小苹果同学，你好。我从你的"心语漂流瓶"中了解到了你的困扰，因为对自己的班长有好感，每次见到他都会害羞、脸红。你很不希望同学们看到这个场景后笑你，因为这让你感觉到十分难堪。然而每天上学的时候，总会互相遇见，

143

在这样的情况下，该怎么办呢？

其实，对自己的同班同学产生喜欢的感觉是一件很正常的事。据我了解，很多同学都会出现这种感觉。在学校的时间是非常长的，长时间的相处会让我们对某位同学产生欣赏、仰慕的情感，这并不是一件糟糕的事情，相反还会给我们带来一些好处呢。

烦恼橡皮擦

❀ 认真观察班长有哪些你喜欢的特质，以他为榜样完善自己

请认真仔细地想一下，班长吸引你的地方有哪些。从你的"心语漂流瓶"中，我得知他学习非常好，性格阳光大方，长得也很帅气，非常受班级同学的欢迎。这样的同学，别说是你，连我也会很欣赏、很喜欢的。也许很多同学都和你有一样的感觉，说明你喜欢的这些美好特质，是大家都喜欢的。你可以以他为榜样来完善自己，让自己也渐渐地拥有这样的特质。

❀ 多和同学、朋友交流想法，多参加集体活动

如果你见到班长时脸红，那就代表当时你有着紧张的情绪。而紧张的情绪来自你的一些担心，你可能担心自己的缺点或不够完美的地方被班长看到，从而给对方留下不好的印象。这是非常正常的心理。在这里我给你的建议是和同学或好朋友多沟通，多参加一些集体活动，比如学校组织的社会实践活动，以及同学聚会等。在你多和身边的同学沟通后，就会发现原来大家都有着相似的烦恼和各种有趣的话题。在你有了这样的体会后，见到班长时

的紧张感就会慢慢消失。

🍀 快速放松的小方法——自我对话法

最后，我分享给你一个可以快速放松的小方法，叫作"自我对话"。当你在学校里，再因为遇到班长而紧张的时候，可以对自己说："这个世界上没有完美的人，我喜欢我真实的样子。"

同学来信

"心语漂流瓶"中小苹果同学讲述了自己见到喜欢的班长就会脸红，这其实十分常见。例如，在日常生活中，有一些同学有美好的特质和优秀的品格，有一些同学有优异的成绩和活泼的性格，这些都会让他们备受欢迎。而其他同学也会对他们产生好感，由欣赏变为喜欢。

当你对某人产生好感时，就会担心他（她）发现你的缺点或不完美的地方。遇到这种情况，我们可以采用"自我对话"的小方法，在心中对自己说："这个世界上没有完美的人，我喜欢我真实的样子。"

对同学的这种喜欢并不是坏事。当你对一位同学有了好感，可以想一想这位同学哪些美好的特质让你喜欢。然后，你就可以以他（她）为榜样，督促自己不断努力进步，渐渐拥有和他（她）一样的美好特质。

杨雅雯

41 同学说我发育早，我好难堪

我的烦恼

目前我读四年级。刚开学，我就发现自己比同桌高了不少。课间和她玩的时候，她不小心碰到我的胸部，我感到非常疼。没想到，我的同桌不仅不道歉，还说我发育早。我感到生气，也特别难堪。我是不是真的发育早了，我很担心。请你帮帮我。

——安琪拉

心语小使者

安琪拉同学，你好。我看了你写的"心语漂流瓶"，发现你有两个烦恼点：第一个烦恼点是为同桌不道歉而生气，关于这个烦恼，我相信已经四年级的你一定有办法去应对；第二个烦恼点是你担心自己真的如同学所说是发育早，而

且，我感觉你更为这个烦恼点担心吧。所以，我就发育早的话题来分享一下我的想法！

烦恼橡皮擦

❀ **通过专业的科学渠道了解发育的相关知识，坦然面对自己身体正常的变化**

其实发育和发育早是两个概念。我妈妈曾经带我去医院咨询过医生，我了解到女生四五年级胸部开始发育是正常的生理现象，根本不需要担心。另外，有些女生在刚发育的时候，胸部会出现一点胀痛的感觉，也是正常的。当了解了相关知识之后，我们就不会紧张了。你也可以试着和妈妈聊聊你身体的变化，如果还是不放心，就去医院咨询一下医生，寻求更专业的帮助。

❀ **认识我们成长的重要阶段——青春期**

胸部发育是女生青春期开始的重要标志，是每个女生的必经之路，我们不必因此感到害羞。其实，当我知道自己胸部发育后，也曾感到非常尴尬，总觉得这是一件很羞耻的事情，也曾一度走路低头含胸，害怕异样的眼光落在我的身上。在和妈妈的沟通中，我了解到：青春期是人生中最美的花季，在这个阶段，女生都会发育，所以不必为这件事感到害羞，要抬头挺胸，自信地活出自己最美的样子。安琪拉，你要欣然接受自己的生理变化，呵护自己的身体，明白这就是青春期健康、自信、美丽的状态。

✿ 呵护身体秘籍

（1）可以去了解一下胸部发育的知识。比如一开始感到痒或者轻微的胀痛很正常，一定不要用力地捏挤或抓挠。比如胸部发育的过程中有时会一边大一边小，这都是正常的。当了解了相关知识后，你就不会过分焦虑和紧张了。

（2）可以和妈妈一起买合适的小内衣。妈妈给我买的是纯棉质地的，我穿起来挺舒服。不过，每个人的体感是不一样的，你也可以根据自己的喜好选择。

（3）均衡饮食，保持体育运动。进入青春期，你的身体就进入快速生长的阶段了。所以，你要选择营养丰富的食物，饮食结构要合理，营养摄入要均衡，再加上适当的体育锻炼、充足的睡眠，让自己抓住长高黄金期。

读了安琪拉同学的烦恼和"心语小使者"的话，我知道女生在四到五年级胸部发育是很正常的。我们可以通过专业又科学的渠道来了解发育的相关知识。当我们了解相关知识后，就能更坦然地面对自己身体的变化。我们也可以试着和妈妈聊聊我们身体的变化。如果还是不放心，就去医院咨询一下医生，寻求更专业的帮助。如果我们正常发育了，就要欣然接受这个事实，并在青春期加强营养摄取和体育运动，让自己抓住长高黄金期。

邱语涵

心语漂流瓶（下）

陈伟萍　孙文冲　朱婷婷　主编

孙俊倩　王君兰　绘

北京联合出版公司
Beijing United Publishing Co.,Ltd.

第九章　积极力

42　我很想成为班干部，可是竞选失败，我很失落 / 3

43　同桌总爱哭，我想帮他变得更坚强 / 6

44　吉他考试没考好，我被爷爷批评了，心里感到很难过 / 9

45　再过一年就要和朋友分开，我好难过 / 12

第十章　自助力

46　要开学了，晚上我总是睡不好觉 / 17

47　同桌真是让人头疼，总喜欢告状 / 20

48　同桌是个话痨，一直烦我，该怎么办 / 23

49　同学老在背后说我坏话，我很生气 / 26

50　妹妹总打扰我写作业，该怎么办 / 29

51　妈妈总拿我和哥哥做比较，我很苦恼 / 32

第十一章　沟通力

52　爸爸只关心我学习和练琴，根本不在乎我的感受 / 37

53　表现不好，妈妈常会责骂我，该怎么办 / 40

54　妈妈总坐在旁边盯着我写作业，我好害怕 / 43

55　爸妈不肯给我买电话手表，该怎么办 / 46

第十二章　自信力

56　同学总让我退出游戏，我很生气 / 51

57　我有些胖，常被嘲笑，该怎么办 / 54

58　爸爸说我太内向，可我不想成为吵吵闹闹的人 / 57

59　我常常觉得自己什么都不如别人 / 60

60　我不想再去接受那个没有希望的未来 / 63

第十三章 自主力

61 父母常把我跟"别人家的孩子"做比较,说我不如人家 / 69

62 妈妈偷偷整理我的书桌,我很生气 / 72

63 暑假被安排得满满的,该怎么办 / 75

64 做完作业,我好无聊,该怎么办 / 78

65 妈妈总给我买很多我不爱看的书,该怎么办 / 81

66 新学期,爸妈对我要求更严格了 / 84

第十四章 共情力

67 父母因为我吵架,我非常内疚 / 89

68 爸妈没有时间陪我,我感到很失落 / 92

69 爸妈总是问东问西,我觉得很烦 / 95

70 发现妈妈的消极日记,我很担心妈妈 / 98

71 奶奶的操心让我好烦,该怎么办 / 101

72 爷爷奶奶回老家了,我感到很难过 / 104

第十五章　手足力

73 我总为弟弟"背锅",太难了 / 109

74 爸妈总让我让着弟弟,我不服气 / 112

75 爸爸不让我和弟弟吵架,该怎么办 / 115

76 姐姐经常被骂,我很难过 / 118

77 表哥变得沉默,不爱和我玩了 / 121

第十六章　我的心声

78 爸妈好像更喜欢弟弟,我好难过 / 127

79 爸爸妈妈总爱玩手机,该怎么办 / 130

80 我不知道如何做,爸妈才会满意 / 133

81 爸妈总让我考虑他们的感受,但他们从不考虑我的感受 / 136

82 不知怎么搞的,总想和爸妈顶嘴 / 139

83 妈妈和爸爸吵架后,常会指责我,我很委屈 / 142

84 爸妈离婚后,妈妈总对我发脾气,我很伤心 / 145

85 长大后,我发现爸爸和我越发疏远了 / 148

后记 / 151

第九章

积极力

积极力是在学习和生活中,我们能够保持乐观向上的心态,即使应对困难和挑战时,也能积极主动解决问题的能力。当遇到困难的时候,有积极力的人会想办法解决问题,而不是逃避。

42 我很想成为班干部，可是竞选失败，我很失落

我的烦恼

前几天班里竞选班干部，我很想成为班干部，于是就在家里写稿子、反复地练习演讲。每一次班干部的竞选我都很积极地参与，可最后我一次都没被选上，以失败告终。我觉得很没有面子，也很失落。希望你能帮帮我。

——小光

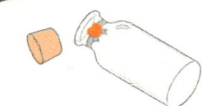

心语小使者

小光同学，你好。班干部是协助老师开展工作的助手，是同学们在学校里的榜样。你能参与每一次班干部的竞选，并认真准备竞选稿，我猜想你应该是一位非常有责任感、想为班级服务的同学。无论这一次是否竞选成功，你都让全班同学和老师看到了你身上这些闪光点。我也非常能够理解你一次次落选后的心情，每一次在全班同学面前满怀希望地争取，都没有成功，你一定感

到很失落吧。

小光，先别急着伤心，所有的事情都是有两面性的。就让我们一起来看一下这件事情所带来的收获吧。

烦恼橡皮擦

✿ **总结失败经验，找到自己需要改进的地方，学习其他同学身上的优点**

在竞选中，每一位同学都是有备而来的。虽然你没有被选上，但你会从这次失败中得到启示，你可以和那些被选上的同学做个对比，来找到自己需要改进的地方。比如，你可以回想一下，你们演讲稿的内容的区别，你们在演讲时的状态是一样的吗，是低头读稿子，还是抬着头自信地脱稿讲呢？你们平时是否有良好的学习习惯，是否主动帮助同学和老师？只要你发现了这些不同，看到同学身上的优点，这些优点就会成为你进步和成长的目标。

✿ **总结经验为下次竞选做准备，向清晰的目标去努力**

既然有了收获，你就要用这些收获为下一次的竞选做准备。如果你们班是定期竞选班干部，那么你就要向着清晰的目标去努力。比如，认真撰写和修改自己的演讲稿，并把稿子记熟；认真完成每一天的学校作业，不漏做；每天睡觉前准备好第二天的文具和课本，不忘带课本；主动帮助有困难的同学，也主动为老师做些事情。当老师和同学们都看到你的努力和进步，看到你可以成为大家的榜样后，在下一次的竞选中，大家就会推选你做班干部。

❀ 养成良好的学习习惯，多为班级做贡献

如果你的班级在长时间内不再选举班干部了，你也不要灰心和气馁。我相信你竞选班干部的初衷，是想为班级多做贡献，想成为一名优秀的学生，希望自己能够受到老师和同学的认可。即使没有当班干部，只要你在平时养成良好的学习习惯，多帮助同学和老师，多做好事，一样可以赢得大家的喜爱。

同学来信

　　我看到小光的烦恼后，非常理解他，因为我也遇到过类似的事情，那一次落选班干部，我也非常难过。我很钦佩小光努力解决问题的求助行为，也认同"心语小使者"的话，学习竞选上的同学身上的优点，争取下一次竞选成功。

　　总结失败的原因，设定清晰的目标去努力，我相信小光会越来越好，同学们也会越来越喜欢他的。当他学习成绩提高了，又为班级做出了贡献，变得更优秀了，哪个同学不想让小光当班干部呢？即使以后仍竞选不上，在同学们的心目中，小光也会是一个优秀的同学！

赵筱璺

43 同桌总爱哭，我想帮他变得更坚强

我的烦恼

我们班有一位同学叫小华。他成绩很好，也喜欢帮助同学。只是他有个缺点：只要被老师说上一句，他就会哭。哪怕老师并没有批评他，只是说一句"怎么没做完作业"之类的话，他也会哭。我们更不能跟他开玩笑了。有时，我们都不知道说错了什么，他就哭了，或者发火。其实我们都挺喜欢他的，就是他这个缺点，让我们望而却步。真希望他改掉这个缺点，作为同桌的我，该怎么办？

——爱吃苹果的蜗牛

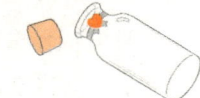

心语小使者

爱吃苹果的蜗牛同学，看了你的"心语漂流瓶"，我真希望自己能有你这么好的朋友。

其实，小华的情况是"玻璃心"的表现，就连一点小小的刺激都能打败他。"玻璃心"，顾名思义，就是指内心很脆弱，

一碰就碎的意思。

"玻璃心"的同学，很难有好的人际关系。和他们相处，我们会很累，要特别小心翼翼，因为不知道什么时候，他们就会哭起来，或者发脾气。当他们一哭，我们就会手足无措，甚至有的时候，我们也会抓狂。所以，我们干脆就不和他们一起玩了。

而作为同桌，你不是想着远离小华，而是想帮助他。这一点，我非常佩服你。那如何与"玻璃心"的人相处呢？

烦恼橡皮擦

✿ 理解内心敏感的人，他们拥有交往中非常重要的品质

首先，你要理解这些"玻璃心"的人，他们一般都很敏感，会因为朋友对自己的态度而感到受伤，比如，今天玩游戏没有叫上他，他可能就认为你没有把他当朋友。他们很在乎别人的看法，比如，当自己表现不好了，就担心对方会讨厌自己，甚至还会哭出来。从这一点来说，"玻璃心"的人，都非常重视感情，而且还善于察言观色，这些都是社会交往中非常重要的品质。

✿ 告诉他学会积极看待别人的评价

其实，我们交朋友，就像在照镜子，通过朋友给我们的反馈，我们不断改掉缺点，发扬优点，最终让自己变得更加优秀，成为自己喜欢的样子。

✿ 引导他学会控制情绪，调整自己的想法

遇到事情的时候，"玻璃心"的同学总是过于关注消极的方面，比如，猜疑别人是不是不喜欢自己了，别人是不是不把自己当朋友了等等。一旦有这些想法，他们就很容易情绪低落。所以，"玻璃心"的人要学会调整自己的想法，试着从积极的角度看问题。

✿ 写一封信给同桌，传递你内心的想法和善意

你可以写一封信，将你的想法和善意传递给他，我相信他看了你的信，一定会受到启发。说不定，他还会按照你的建议开始行动。比如，善意地看待别人给他提的意见，努力克制消极情绪，做坚强的人。

同学来信

我们交朋友，就像在照镜子，通过朋友给我们的反馈，不断改掉缺点，最终让自己变得更加优秀，成为自己喜欢的样子。生活不会一帆风顺，我们不能因为摔过跤，就不敢奔跑；不能因为经历过风雨，而对生活失望。对于成长中的挫折和失败，要勇于面对，练就一颗钻石心，不断去战胜困难、发现优长、建立自信、潮光成长。

韩蕊玟

44 吉他考试没考好,我被爷爷批评了,心里感到很难过

我的烦恼

我这次吉他考试没有考好,所以回家后被爷爷批评了一顿,心里感到很难过。我该怎么办呢?

——小蜜蜂

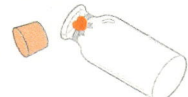

心语小使者

小蜜蜂同学,我特别能够理解你的心情。因为吉他没有考好,心里面本来就带着挫败感,再加上家里人的批评,让你感到伤心和委屈。

面对这样的情况,我们能做些什么呢?

烦恼橡皮擦

❀ 和爷爷沟通，表达出你的想法，消除爷爷对你的担心

爷爷看到你吉他没有考好，用批评的方式来督促你，表面上是批评，实际上，他是在担心你。因此你需要和爷爷表达出你的想法，让爷爷别为你担心。你可以这样和爷爷说："爷爷，我知道您批评我是为我好，在为我着急，是想让我学好吉他。其实您不用担心，虽然这次没有考好，但我依然会继续练习弹吉他，因为这是我的兴趣爱好。爷爷，请您不要再为这件事情批评我了，我更需要您为我加油。"

❀ 规划好练习时间

学吉他平时需要多练习。你可以好好计划一下每天放学回家后写作业和练习弹吉他的时间。爷爷看到你练习弹吉他是主动且有规划的，不需要家长来嘱咐和催促，就会渐渐明白，你练习弹吉他已经很用心，他可以放心地把这件事交给你自己来安排。

❀ 照顾好自己的心情，调节好情绪

当你吉他没考好，被爷爷批评的时候，心里面一定感到很委屈，你需要把这些委屈释放出来。你可以告诉爷爷你心里的感受，也可以告诉你的好朋友或者吉他老师，他们都会鼓励并帮助你的。告诉你一个小方法，你可以准备一个心情小盒子，把每一次考试的心情都记录下来并放在里面。以后当你打开这个小盒子翻看的时候，会发现里面不仅有委屈难过，还有激动、紧

张、快乐等。我理解这次失败会让你感到难过，但弹吉他也曾带给你很多惊喜，你可以把这些珍贵的感受记录下来，帮助你更全面地看待这件事情，调整好自己的情绪。

兴趣就像我们的朋友，每天陪伴着我们，带给我们不少挑战和快乐。在未来的路上，我们还会和兴趣相伴着一直走下去。

同学来信

小蜜蜂同学，我也是学习弹吉他的，也考过级。起初我不想练吉他，但是不练的话，就会被家长批评。

我爸妈要求我每天练30分钟。练琴的时候不能上厕所，也不能中途出来吃东西。在这30分钟里，我要全神贯注地练琴。遇到不会的地方，可以请教老师，不能将错就错。否则，不仅练琴没有效果，而且错误的方法会让我们在弹吉他的道路上越走越偏，错误的方法一旦形成习惯，今后改起来就很难了。

现在我已经坚持下来，也感受到成功的喜悦。所以，你可以跟爷爷沟通，让他理解你，最好找一个合适的时机把心里话告诉他，说不定会有新的收获呢！

胡家宁

45 再过一年就要和朋友分开,我好难过

我的烦恼

再过一年,我就要毕业了。我有个感情特别好的朋友,只要想到以后和她分别,我就很难过,很舍不得她。因为这种心情,我平时都不知道该怎么和她相处了。但我好想珍惜这个朋友,我该怎么办?

——小思远

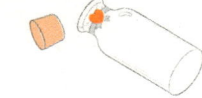

心语小使者

小思远同学,你知道吗?毕业并不代表友谊的结束。友谊是你们两个人的事情,我觉得你也要考虑和尊重好朋友的感受,把你的苦恼告诉她,跟她好好沟通,并利用这一年的时间,好好珍惜你们的友情。

下面,我来分享一下我的想法吧。

烦恼橡皮擦

❀ 用心去回忆每一位同学

相逢就是缘分,俗话说"天下没有不散的筵席"。当分别即将来临的时候,我们可以送上真诚的毕业赠言。这些毕业赠言可能是一句道歉,可能是一句感谢,也可能是一句祝福,彼此的同学情谊让小学生活成为一段珍贵美好的记忆。

❀ 认真整理通讯录,以便毕业后与朋友保持联系

将要毕业的这段时间里,用心收集朋友们的联系方式,比如电话号码、QQ号、微信号等。只要朋友有的,我们都可以收集起来。有了这些朋友的联系方式,我们就不用担心毕业后不能保持联系,友情就不会中断了。

❀ 好好珍惜每一天见面的机会,让每一天都充满快乐和微笑

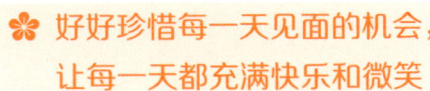

与朋友相处时,我们可以多一些谦让,少一些争吵。即使因为某些事情发生矛盾,我们也要学会有效沟通,让每一天的相处都成为美好的回忆。

❃ 学会面对各种离别

离别不是坏事，是人生中不可避免的一部分。离别会让我们知道自己在乎什么，也会让我们更加勇敢地追求自己的梦想和目标。在人的一生中，会面对很多离别，我们要做的不是逃避和阻碍离别，而是学会面对离别，并从中汲取力量获得成长。

每个小学生都会毕业，无论关系多好的朋友或同学都有分别的时候，我们确实得面对现实。我也是五年级的学生了，我们应该珍惜现在所有的朋友，珍惜和他们相处的每一天、每一刻。我们和同学相处时，不要因为一些小事就闹别扭，说一句"对不起"，就可以缓解紧张的氛围。

总而言之，我们要珍惜友情，珍惜和每一个同学在一起的时光，并记下他们的联系方式，留待日后常联系！

黄紫

第十章

自助力

自助力是在学习和生活中，我们能够依靠自身的力量和能力来独立地解决问题、克服困难和实现目标的能力。每个人都有自己的责任，应该努力去做好自己的事情。

46 要开学了,晚上我总是睡不好觉

我的烦恼

马上就要开学了,我挺期待的,因为马上可以见到我的好伙伴了。不过,晚上我总是睡不好觉。我该怎么办?

——擎天柱

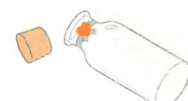

心语小使者

擎天柱同学,我和你的状态很像:刚放假几天,我就想念我的同学了;临近开学,明明知道马上就可以见到他们了,晚上竟然睡不好觉,早上也起不来,甚至还头疼。爸爸对我说,他有"周一综合征",而我这种是"开学综合征"。你可别被这个名字吓到,这不是病哦。

"开学综合征",顾名思义,就是指假期临近结束的一段时间,很多同学会有明显的不适应表现。比如开学前,有些同学会失眠、头晕、恶心,莫名地担心、焦躁,甚至跟爸妈说肚子疼、头痛、胃痛等,不想去上学;开学后,有些同学会有迟到、上课走神、作业完成被动、记忆力减退、成绩下降、情绪不稳定等表现。

这些都是"开学综合征"的表现,是生活发生变化时,我们的身体产生的一种适应性反应。一般一周到两周的时间就会好。不过,不适应的表现程度因人而异。

烦恼橡皮擦

"开学综合征"产生的原因有哪些呢?

❀ 作息时间的改变

假期里和开学后的作息会发生变化,比如,开学后,每天要早起上学,不能睡到自然醒,到了学校要做早操,白天要上课,晚上要做作业,甚至还可能做到很晚。所以,开学后可能会出现迟到、注意力不集中、记忆力减弱、学习状态不好等现象。

❀ 焦虑情绪的产生

随着新学期的到来,我们会担心自己在新学期的表现。有这几个原因会让我们感到焦虑:(1)家长的期望一直很高;(2)平时学习成绩不理想;(3)学校里有不喜欢的同学等。

我们要如何自我调节呢?

✿ 复盘开学第一天的生活

结束开学第一天的学习回到家后,我们除了休息好、吃好饭、做好作业,还需要复盘这一天的生活,从而帮助自己更好地适应新学期的学习生活。比如,新学期开始了,不同学科的老师可能有新的要求,那么,我们可以通过复盘来重新规划复习和预习的时间,制订新的学习计划。

✿ 做好身心的准备

身体的准备就是唤醒我们的身体,根据新的作息来调整生物钟,让自己适应新的作息安排;通过锻炼增强体能,来应对新学期繁重的学习。心理的准备就是思考新学期的目标,考虑在新学期要学会什么新本领、加入什么样的社团,以及结交什么样的朋友等,来激励自己;学会疏解自己的焦虑情绪,让自己晚上能够快速放松,进入睡眠状态。

同学来信

其实我和你的状态很像,我和爸爸查了资料,才知道这是"开学综合征"的表现。到了学校后,心理老师给我提出了很多建议:(1)要调整作息时间,按照开学的时间要求去调适自己的作息;(2)通过制订学习计划调整自己的安排;(3)可以和家长沟通自己的烦恼,让他们少给我们些压力,减少我们的焦虑。你可以参考我的方法哦。希望你能在新学期取得更大的进步,实现自己的目标!

申明远

47 同桌真是让人头疼，总喜欢告状

我的烦恼

我的同桌真是让人头疼，总是喜欢告状，一会儿说我没有带书，一会儿说我在桌子上涂鸦，一会儿说我打她。其实，我只是胳膊不小心碰到她，现在我不仅怕她，也很讨厌她。我真想换同桌。

——匿名

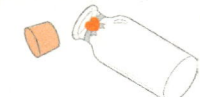

心语小使者

你身边有一个爱告状的同桌，这让你很不开心。有时你一个不小心的错误，她就会报告给老师。有时你可能没做什么，她也会告诉给老师。

首先，我们来了解一下告状。一般来说，告状的动机主要有四种：一是受了欺负想寻求老师的保护；二是检举他人，希望老师肯定自己的做法；三是做错了事想逃避责任，免受批评和惩罚；四是嫉妒他人，企图利用告状来贬低别人，抬高自己。

你同桌的告状动机应该属于第二种：她爱检举别人。从这一点可以看出她的规则意识很强，当她发现同学做的不符合规则，就会告诉老师，希望老师肯定她的做法。

现在，我们一起来想想办法吧！

烦恼橡皮擦

❋ 改掉自己身上的小缺点

当你形成好的行为规范，变得更加优秀了，同桌就没法挑出你的错误，这样她就告不了状了。

❋ 和同桌沟通

你可以和同桌沟通，以后她发现你的不足，可以给你指出来，并给你一次改正的机会，如果你没有改正，她再去告诉老师。

至于你想换同桌，我觉得并不是一个解决问题的好办法。

接下来，我想和你分享我的一些建议，帮助你和同桌沟通。

（1）了解告状本身不是坏事，它也是解决问题的一种方法。

低年级同学可能不知道如何与同学相处，班干部也不知道如何履行职责，所以，同学之间难免出现不和谐的情况。在同学告状的时候，老师会介入进来，帮助我们发现问题、解决问题，让我们发现自己身上的小缺点。当我们改正了缺点，以后就能更好地与同学相处了。

（2）让同桌明白，解决问题不能只靠告状这个方法，要学会独立解决问题，同时做好自己分内的事。

如果到了高年级，我们还是不能掌握基本的社交技巧，遇到事情就哭、就告状，我们就无法提升自己独立解决问题的能力，也不会提升社交能力。

如果和同学之间发生了一些小矛盾、小冲突，你可以锻炼自己的沟通能力，学会宽容他人；如果你是班干部，发现同学之间有小矛盾，可以多多锻炼自己的管理、协调能力，帮他们缓解矛盾、友好相处。作为班干部，先要思考自己有没有解决同学间的问题的办法，再寻求老师的帮助。如果事情十分紧急，比如有人受伤，或者有人做出危险的事情，就要第一时间告诉老师。

同学来信

通过阅读上面的内容，我知道了告状的四种动机。一般来说，年龄越小的人，越喜欢告状；年龄越大，告状越少。所以，如果同学之间发生了一些小矛盾、小冲突，你可以借此机会，锻炼自己的沟通能力，学会宽容他人。

我很赞同"心语小使者"的说法：告状本身不是坏的行为，因为告状也是解决问题的一种方法。遇到了一个爱告状的同学不能想着如何逃避，要想着如何去与他沟通、解决问题。解决问题的方法有很多种，我们要找到合适的方法，去化解矛盾，这也是我们慢慢学会独立解决问题的过程。遇到紧急情况以及无法应对的事情，我们应求助他人。

俞陆茵

48 同桌是个话痨,一直烦我,该怎么办

我的烦恼

我的同桌是个话痨,一直烦我,尤其是在做作业的时候。我该怎么办?

——Yellow Man

心语小使者

话痨,每个班都会有几个。一下课,班里到处回响着他们的声音。

一开始,我们会觉得话痨很健谈,甚至很厉害,让我们不觉得无聊。时间长了,话痨无休止的倾诉和表达,会让我们很无奈,又很烦躁。

话痨可能不分场合地找我们说话。比如在我们需要认真做一些事情时，他会过来找我们聊天。话痨特别能说，当我们想说的时候，基本插不上嘴；好不容易可以说话了，又经常被他们插话打断。所以大多时候，我们只是听众。

接下来，我给你支几着儿，希望能够帮到你。

烦恼橡皮擦

❀ 明确告诉对方，等你不忙的时候再和他聊天

当话痨找你聊天的时候，你可以真诚告诉他你现在有事情要处理，等会儿再聊。你说的时候，要面带笑容，不能让话痨觉得你嫌他烦，伤到他的自尊心。当然，当话痨说的内容你很感兴趣，你也有空的时候，可以和他聊天，然后真诚地跟他表达，当你忙的时候或认真做事情的时候，请他不要来找你聊天。

❀ 找借口离开座位

你可以对话痨说："哎呀，我想起来一件事情，要出去一下。"然后你直接站起来，离开座位，比如你可以上厕所、去借书，也可以去溜达，或者出去和别人玩等。

❋ 劝阻他

如果用了以上方法,他还是来烦你和打扰你做作业,你可以告诉老师,让老师提醒他,我相信他一定会收敛的。

一般来说,最后这着慎用哦,毕竟这会影响你和同桌之间的关系。

同学来信

读了"心语漂流瓶",我大有收获,知道了如何与话痨同桌相处。通过几天的观察和实践,我发现其实与话痨同桌之间的相处并不难,比如面带微笑地向他表达自己的想法,和他说不用在一件事情上喋喋不休;也可以真诚地与他交流一会儿,一起探讨感兴趣的话题;又或者把他的声音当成一种背景音,锻炼一下自己在嘈杂环境中的专注力。

面对话痨的同学我们不应该只是抗拒和反感,而应该试着去沟通,同学之间应该团结友爱、互相帮助、共同进步,希望大家也能和自己的同桌好好相处,一起维护你们的友谊哦。

苏璟辰

49 同学老在背后说我坏话，我很生气

我的烦恼

我发现班里有同学老在背后说我坏话。这件事让我感到很生气，有什么话不能当面说，非要在背后说呢！请问我该怎么做？

——落雨花香

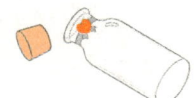

心语小使者

落雨花香同学，你好。班里有同学在背后说你坏话，在我看来，有可能是别人的嫉妒心在作怪。在我的身边，有的同学看到别人有自己没有的东西（财物、人缘、好成绩等），就会产生嫉妒的心理，如果他没有调整好心态，往往就会制造出人际关系方面的矛盾，背后说坏话就是比较常见的嫉妒心理的表

现。当别人说你坏话,可能说明你在某些人眼里很优秀,被别人嫉妒,也有可能是你在某些事情上确实没有做好,你也要反思一下。

下面分享我的几点建议。

烦恼橡皮擦

❀ 调节好自己的情绪

如果你委屈和生气的感觉非常强烈,甚至影响到你的学习或生活,你要先让自己冷静和放松下来。可以用"握拳法"来放松,具体的做法是:让自己用舒服的姿势坐在椅子上,紧握拳头,然后放松,再紧握,再放松,这样反复几次以后,你就会感觉到身体没有那么紧张了,呼吸也会慢下来,然后渐渐恢复到冷静的状态。

❀ 主动弄清楚事实真相

当你得知被人背后说坏话,你会感到非常生气,但是要想解决这个问题,你就要勇于去面对。要用心去判断是非,而不要轻易地相信他人所说的话。如果有多位同学在背后议论你,说你坏话,你就更需要弄清楚原因了。因为有可能是自己某些方面没做好。因此,弄清楚事情的真相,不仅可以解除彼此之间的误会,也可以发现自己的问题,及时改正。

❀ 和对方面对面地沟通

你可以约个时间、地点,问清楚对方为什么说你坏话。如果对方做错了,要求对方道歉也是合理的;如果是自己听信了他人的话,误会了对方,那么你也要真诚地向对方道歉。

❀ 忽视或向老师反映情况

如果经过调查,确定是个别人说了一些不合实际的话,而且经过沟通,对方仍然继续该行为,你可以当作耳边风,学会屏蔽那些话语;也可以借助老师的力量,在一些场合澄清事实,以改变自己的处境。

 同学来信

首先,我觉得在背后说人坏话的行为是不对的,这样做很不尊重他人。如果对他人有意见,可以当面说,没必要在背后偷偷议论。因为,被议论的当事人可能会感到非常愤怒。如果有人在说别人的坏话,我们不能参与其中,要及时地劝阻他人。

其次,世界上没有十全十美的人,我们做的事情难免会让别人感到不高兴,我们要努力让自己变得更好。我们可以找到那个背后议论自己的同学,跟他好好聊一聊,问一问自己有哪些不足之处可以改进。如果自己确实有做得不对的地方,可以向他真诚地道歉。

最后,我们也要委婉地告诉他,他的行为伤害到了自己,希望他改掉在别人背后说坏话的习惯,有什么事情可以当面说,这样大家才能开诚布公、共同进步。

陶奕诚

50 妹妹总打扰我写作业，该怎么办

我的烦恼

我有一个小妹妹，特别黏我。每天当我放学回到家后，小妹妹总是让我和她一起玩。这让我作业也不能写了！这可怎么办呀？
—— 小橘子

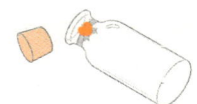

心语小使者

小橘子同学，我太能理解你的感受了，因为我有个小弟弟，自从小弟弟出生，我就很少有安静的时间了。我那个小弟弟平时又吵又闹，还常常拉着我陪他玩奥特曼打怪兽的游戏。他的精力似乎永远用不完，于是我想了一些办法，还挺管用的。我也把这些办法分享给你吧。

烦恼橡皮擦

✿ 请爸爸妈妈帮忙

爸爸,我写作业的时候您能陪陪妹妹吗?

你可以这样告诉爸爸或妈妈:"爸爸(妈妈),我需要安静的时间来完成功课,您能给妹妹安排点什么事情做吗?要不,您多陪陪她,好吗?"一般情况下,如果爸爸或妈妈有空的话,他们会多陪陪妹妹,或者让妹妹别去打扰你。

✿ 给妹妹定规矩

你可以和妹妹约定,定时器响之前,她不准打扰你。给她一个倒计时定时器,并告诉她:"我知道你很想和我一起玩,可是我必须先完成作业。当这个定时器发出铃声的时候,你就可以来找我了。但在定时器响之前,就算你过来我也不会理你的。"刚开始,你的小妹妹可能会试探你,在定时器还没响前就来找你。这个时候你一定要坚持住,不管她怎么闹都不要理她。几次下来,她就会理解你们之间的这个规则并遵守它。

✿ 请妹妹成为你的助手

能够成为姐姐哥哥的小跟班和小助手,是弟弟妹妹们的大梦想呢!比如,老师布置背诵古诗或课文,你可以和妹妹说:"妹妹,姐姐想请你成为我的学习小助手,现在你的工作是帮我检查一下课文背诵得怎么样。你现在听好了,我背给你听。"虽然她听不懂,但她一定会因为能帮你而感到快乐和兴奋。

🌸 **当她开始遵守你们之间的规则后，要记得给她一些反馈**

你使用了这些方法后，一定要记得最重要的一步，那就是对妹妹表示感谢。因为从一开始，妹妹黏着你，是出于对你的喜欢和依赖；愿意遵守规则也是为了能和你一起玩；喜欢当你的小助手是源自对你的崇拜。当她学会遵守规则后，你可以给她一个大大的拥抱，告诉她："谢谢你能够遵守这个规则，谢谢你能让我安静地写作业，谢谢你对姐姐的喜欢，姐姐都看在眼里，很感动。"

妹妹，谢谢你帮助姐姐！

同学来信

遇到自己解决不了的困难，一定要第一时间告诉爸爸妈妈，因为他们是我们最亲近的人，一定会帮助我们的。所有问题都会有合适的解决方法，我们一定要尽力去寻找合适的方法。

弟弟妹妹有不好的行为时，我们可以适当地引导。要学会尊重和感激他们，对他们的努力表示肯定。

李珉宇

51 妈妈总拿我和哥哥做比较，我很苦恼

我的烦恼

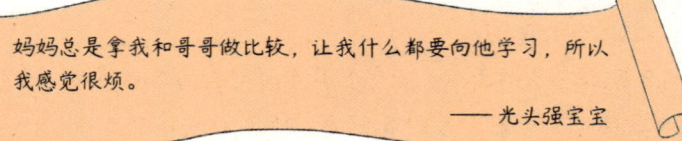

妈妈总是拿我和哥哥做比较，让我什么都要向他学习，所以我感觉很烦。

——光头强宝宝

心语小使者

光头强宝宝同学，对于你的烦恼，我很理解。爸妈似乎不了解我们的想法，我们的努力需要被看到，我们的心情更需要被理解。当进步的时候，我们多希望能够看到妈妈欣慰的笑容，听到妈妈鼓励的话语，可是，我知道想让大人改变很难。看到你的问题时，我也在思考自己应该如何与爱比较的妈妈友好相处。

烦恼橡皮擦

妈妈为什么喜欢拿你和哥哥做比较呢？

❋ 妈妈希望你能学到哥哥身上的优点，改掉自身的缺点

父母一般都有望子成龙、望女成凤的心理。妈妈这么说你，其实是在严格要求你，这也是她表达爱的一种方式。父母通过自身的人生经历，知道学习的好处，他们希望我们能掌握更多知识，将来可以生活得更好。

❋ 妈妈拿你跟哥哥做比较，其实也是一种情绪的表达

妈妈可能在工作中遇到不顺，也可能身体不适，这种情况下，我们平常犯了小错，就可能被她数落，并与别人做比较。作为子女的我们，只能一方面屏蔽妈妈的唠叨，另一方面做好心理建设，避免因情绪失控，对妈妈说一些过激的话语，进而引发家庭矛盾。

我们要怎么处理呢？

❋ 和爸爸妈妈沟通

为了不每天生活在被比较、被打压的阴影下，你需要告诉妈妈你的感受和心声，为了自己的幸福生活努力争取吧。你可以先找爸爸沟通，获得他的支持和帮助，再找到或创造适合的时机，与妈妈沟通。要做好打"持久战"的准备，一次沟通不成功，就多次沟通。

❋ 明白学习是你自己的事情

作为学生，我们现在最大的任务和责任就是把功课学好，为初中、高中打好坚实的学习基础。妈妈的话是为了督促我们。只有我们自己才能真正决定学习成绩的好坏。如果别人看不到你的进步，你别忘了要给自己点赞。

同学来信

生活中，爸爸妈妈难免会拿我们和别人做比较，当我看到"心语小使者"的回答后，我觉得我们要大胆地说出自己的想法，从别人容易理解和自己能得到帮助的角度说出来，让家人看到我们是有进步的。

每个人都不想生活在被别人打击的世界里，我们要善于思考和沟通，觉得别人说得有道理，可以汲取，不用一听到别人的批评，就觉得自卑和不开心。我们要学会用爱的语言表达自己的想法，而不去责备和争吵。每天都告诉自己："我是最棒的，我一定会用自己的行动让别人看到我的闪光点，加油！"

古琳琪

第十一章

沟通力

　　沟通力是我们在与他人交流时,有效传达自己的想法、需求和情感等,并能理解对方传递给自己的信息的能力。我们可以通过语言、文字、表情和动作等来进行沟通。同时,沟通力也包括与他人建立良好关系和有效解决问题的能力。拥有良好的沟通力能够帮助我们更好地了解别人。

52 爸爸只关心我学习和练琴，根本不在乎我的感受

我的烦恼

有一天我感觉到肚子饿了，告诉爸爸。可爸爸不仅没有关心我，反而让我坚持练习弹钢琴，甚至还骂了我一顿。最后我硬着头皮练习了弹钢琴。我感觉爸爸只关心我的学习和练琴，根本不在乎我的感受。我特别伤心。请问我该怎么办呢？

——哈布度

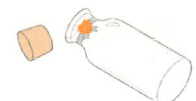

心语小使者

哈布度同学，我觉得你的爸爸并不是不在乎你，而是因为他不知道怎么表达对你的爱，不习惯说出关心人的话，很多时候他只懂得用指责的话语来表达对你学习和练琴的担心和重视。为了改善这种情况，我来分享一下我的方法吧，希望对你有帮助。

烦恼橡皮擦

❀ 主动去和爸爸沟通

如果爸爸的做法让你感到了委屈，你可以告诉爸爸你当时的感受，也听一下爸爸的想法。我相信爸爸也是因为爱你才这样做的，他担心你练琴时三心二意，不能坚持。通过主动沟通，你们就能换位思考，了解对方的想法。

❀ 调整好自己的情绪

好的情绪可以让你对事情产生积极的看法，让你保持良好的身体状态投入学习。因此，当你通过沟通了解了爸爸真正的用心后，就可以寻找一些小方法来调整自己的心情，比如，找好朋友倾诉、写日记、唱歌、画画等。爸爸看到你良好的精神状态，也会放下对你学习和练琴的焦虑。

❀ 为自己的学习和练琴做好时间安排

你调整好情绪后，再来看待这件事情，就会看到这件事不仅让你和爸爸之间多了一次心灵的沟通，还提醒你为自己的学习和练琴时间做一些规划。比如，如果练琴或做作业的时间正好是在周末的下午或晚饭之前，那么你可以在开始前为自己添加一份小点心，然后专心致志地把接下来的事情做好。当你能够用积极的态度来对待这件事，我相信你的爸爸会看到，

你不仅没有三心二意,还能想办法解决问题,使自己更加进步,他也一定会支持你的。

同学来信

　　看到你的经历,我感同身受,就好像我考试没考好,回家被训斥一样!我们的心情简直一模一样,感觉父母把别的事情(学钢琴、作业完成率、成绩……)看得比我们更重要,我们难免会产生情绪。请相信我,有这种感受的肯定不止我们两个人呢!

　　难受归难受,你还是要想办法告诉父母你此刻的心情,不能让亲子关系出现问题哦!你要静下心来好好想一想,爸爸为什么要这样对你呢?因为他可能怕你不能养成"持之以恒"的好习惯,希望你具备不轻言放弃的精神。爸爸肯定希望你各方面都优秀,所以才逼着你练琴,但也可能因一时过于严厉,导致你的小心脏"冰冰凉,透心凉"了。

　　你可以和爸爸面对面沟通一下,或者用书信的方式和他说说你内心的想法,祝你能甩掉所有烦心事,面向阳光微笑。

赵滔铎

53 表现不好,妈妈常会责骂我,该怎么办

我的烦恼

做完作业,或者考完试,好的话,妈妈不会表扬我;不好的话,妈妈就会说我,还拿我跟别人家的孩子比来比去,有时还会打我。怎么办?

——星天

心语小使者

星天同学,你好。我非常理解你,因为我妈妈以前也是这么对我的。可是,现在她不这样了。这是因为我们现在能够相互沟通了。沟通不是指对妈妈提要求哦,在和妈妈沟通之前,你要考虑好和妈妈说些什么,以及选择沟通的时机,最关键的是根据你对妈妈的了解,选择恰当的沟通方式。接下来,就分享一下我是如何沟通的吧!

烦恼橡皮擦

❋ 寻找时机和妈妈沟通

沟通需要寻找到好的时机,如果时机不对,就会达不到好的效果,这不仅仅是浪费一次机会,有可能下次再找妈妈时,妈妈会说:"上一次不是聊过了,我忙着呢。"或者可能会说:"你就只会要求妈妈,怎么不把学习搞好,让我表扬你呢。"

所以我们需要寻找合适的时机,你可以在那一周好好表现,在家里整理家务、打扫房间、认真完成作业,在学校得到老师的表扬,这都是为了有效与妈妈沟通所做的准备工作哦。

❋ 给妈妈写一封信

为什么写信?因为我了解妈妈,如果我当面说一些话,她可能没耐心听下去,而且我可能没办法很流畅地把意思说清楚,但写信可以避免这些情况。

信的内容是这样的。

致最爱的妈妈:

您好!

您是世界上最爱我的妈妈,我也非常爱您。长这么大,我还没有给您写过信,最近我有些烦恼,一直找不到机会跟您说。今天,我鼓足勇气借着这封信将心里话说给您听。

妈妈,我知道您平时说我是为了激励我,打我也是让我长记性。俗话说,打是亲,骂是爱。

不过,您知道吗?当"打"落在身上,当"骂"落在心里,我是多么难过。

我知道您是为我好，但这让我身心都不舒服。我现在竟然有了您不爱我的想法。如果是同学打我、骂我，我只会生气，但不会痛苦，因为他们不是我的妈妈。

　　妈妈，我多么希望您能在我考得不好的时候给我安慰，说上一句："孩子，没关系，不管怎样，妈妈都爱你。"然后您和我一起分析错题，看看我到底哪些知识点没有掌握。

　　妈妈，我多么希望您能在我进步的时候，给我一句表扬："孩子，你有进步了，我为你感到自豪。"而不是视而不见，听而不闻，更不是拿别人家的孩子来打击我，虽然是为了不让我骄傲，我也很伤心。

　　妈妈，请您相信我，我是非常想把学业搞好的。我希望我们可以一起定个目标，如果我达到了，您就给我奖励，如果我做不到，您再给我惩罚。行吗？

爱您的女儿

　　以上是我与妈妈沟通的内容，仅供你参考。我相信每一位妈妈都是爱孩子的，只是她们爱的方式可能忽略了我们的感受。我们要告诉妈妈我们的感受，让她看到我们的进步，我坚信你一定可以做到的。对了，如果你遇到无法解决的烦恼，可以去学校的心理辅导室，一定可以帮到你。

同学来信

　　星天同学，你可以与妈妈好好沟通，在尊重她的同时向她表达你的想法，这非常好。你自己也应该认真学习，让妈妈看到你的改变与进步。你要知道妈妈深爱着你，只是她的表达方式有点简单粗暴，忽略了你的感受。相信在你们好好沟通之后，妈妈会认识到自己的问题并改正。

沈馨怡

54 妈妈总坐在旁边盯着我写作业，我好害怕

我的烦恼

我今年小学三年级了。我有一个很大的烦恼。自从我上小学后，妈妈就像变了一个人。我每天回家做作业的时候，妈妈总是坐在旁边盯着我，让我感觉很不自在。如果我字写得不好，或者坐姿不端正，她就会马上说我。如果我有题目不会做，她就要把我教会，要是我学不会的话，她还会对着我大喊大叫，她一喊叫，我的脑子里就会一片空白，更学不会了。我每天都很害怕放学回家做作业，心里一点也不想上学。请你帮帮我。

——小墨

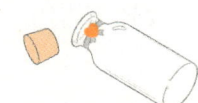

心语小使者

小墨同学，你妈妈每天盯着你写作业，给你带来很大的压力。你题目不会做的时候，她还会对着你大喊大叫。因此你不仅害怕做作业，还产生了不想上学的念头。你希望妈妈能够变

回你上学之前的样子，也不要再盯着你做作业了。你希望妈妈能够用更温柔的方式来爱你，而不是总盯着你做题。

你的心愿，我猜也是很多同学共同的心声。我有一位好朋友，在一年级的时候因为拼音总学不会，还被他妈妈狠狠说了一顿呢。我们都渴望有温柔的妈妈，可有时候妈妈真的是太凶了。虽然她们都很爱我们，但在高压之下，我们的学习效率就更低了，学得更慢了。妈妈对我们也就更凶了。

如何面对这样的情况？我想分享一些心得给你。

烦恼橡皮擦

❁ 试着理解妈妈的做法

妈妈可能一直把你当作一个小宝宝，习惯了什么都要操心和帮忙，全然没有发现你已经三年级了，已经长大了，也有自己的想法和感受了。当你不会做题的时候，她比你还着急；当教不会你的时候，她的情绪也会失控。其实，我相信通过自学和思考，你一定可以战胜学习上的困难。但是妈妈还习惯用小时候的方式来爱你，而且这种方式让你感到不舒服，甚至产生了很大的压力和恐惧。不过你要知道妈妈是爱你的，只是方法不当。所以，你首先要理解妈妈的做法。

❁ 学会自我调节压力，安排好时间

放学后，回到家里，你可以试着先让自己放松下来，安排好自己的时间。比如，先听一会儿音乐或运动一会儿，再开始做作业。在书桌边摆上自己喜欢的小玩偶，把身心调节到一个舒适的状态。

❋ 要勇敢一点，主动、积极地找妈妈沟通这件事

只是理解妈妈的做法和自我调节，并不能从根本上解决问题。所以，我们还要多与妈妈沟通，先表达对妈妈做法的理解，并表示感受到了她的爱，然后把你在这件事情中的真实感受告诉妈妈，你还可以把自己的期望也直接告诉她。即使沟通后问题没能解决，你也要勇敢表达自己的感受，这本身就是成长。沟通的时机要选择好，最好是在妈妈开心的时候。如果你不想当面告诉妈妈，也可以给她写一封信，或者通过爸爸来告诉她。我相信，她对你的爱会让她改变自己的做法，你也会得到更多自主的空间。

同学来信

　　我相信很多同学都有这样的经历，当妈妈坐在旁边看着我们写作业时，我们会感到紧张和压力，甚至本来会做的作业也无法集中精力认真去写了。

　　我和妈妈沟通过，其实她也不想盯着我，只是她看不惯我写作业的习惯。所以，只要我们能够让妈妈消除顾虑和担心，妈妈也会改变的。

　　妈妈改变的前提是我们要先做出改变。回家后我们要抓紧时间写作业，不拖拉、不磨蹭，不要因为看电视、玩游戏而耽误写作业，如果能做到这些，我相信妈妈就不会总待在我们身边盯着我们了，而且还可以避免和父母的很多矛盾。

程嘉阳

55 爸妈不肯给我买电话手表，该怎么办

我的烦恼

我今年读四年级。我的烦恼是我周围的同学们都有了电话手表，他们通过电话手表互相加好友，然后经常联系。我也想加入他们。可是我的爸爸妈妈不肯给我买，他们说现在家里经济情况紧张，以后再买。我能够理解他们，但心里面非常羡慕我的同学们，每次看到他们互相加好友，都会感到特别难过，我现在特别想要一个电话手表。我该怎么办？请帮帮我。

——牵气球的鲸鱼

心语小使者

每当你在学校里看见同学们使用电话手表的时候，总会感觉到非常羡慕和无比的向往。我能明白你想要电话手表的原因，一方面是别人都有电话手表，而你没有，你可能会有些自卑；另一方面是互加好友之后，就加入了一个朋友圈，可以

不再孤单,还能让自己有一种归属感。你能够理解爸爸妈妈的难处已经很棒了。我知道,虽然你很理解爸爸妈妈,但是心里依然会难过和失落。

那么我们该如何看待这件事呢?

你可以琢磨一下爸爸妈妈不给你买电话手表的原因。爸爸妈妈非常理解你的想法,他们表示暂时不买,等家里的经济情况好转了以后再给你买。可见他们对于消费是有思考和计划的。正因为他们的理性消费,才能给你的生活和学习提供更好的保障。

你也可以做这些事,说不定就能让爸爸妈妈给你买电话手表。

(1)你不必要求爸爸妈妈买高配版的电话手表。有你在"心语漂流瓶"里提到的那些功能的电话手表价格不会很高。你可以尝试拿出平时攒的零花钱,请爸爸妈妈帮你购买电话手表。

(2)爸爸妈妈不同意买电话手表,家里经济不宽裕可能是一个借口。他们担心买了电话手表会影响你的学习。毕竟电话手表也属于电子产品,里面有聊天、拍照等功能。所以,在和他们沟通买电话手表的时候,你得保证自己只在这些情况下使用电话手表:做完作业后,周末期间,或者去外出参加活动的时候等。最重要的是,你还得确保自己一定能做到,否则就允许爸爸妈妈没收你的电话手表。这样,

我相信他们会消除一些顾虑。

（3）你得管理好自己的情绪。我知道爸爸妈妈不同意买电话手表，你很难过，甚至生气。但是，你要知道他们只是一时不同意，你不要因此而向他们发脾气，否则就会把事情弄僵，阻碍下一次的沟通。你要学会调节自己的情绪，并反思自己沟通失败的原因：是沟通时机不对、沟通方法不合适，还是事先准备不够充分？等等。然后经过一段时间的调整，你再次寻找恰当的时机和方法与他们沟通，说不定就会成功。

同学来信

　　我们班里很多同学都有电话手表，所以，我觉得爸妈不给你买电话手表，可能是你在爸妈心中的信任值不够高。爸妈担心给你买了电话手表会影响你学习。你可以回想一下，自己使用电子产品的自控力是不是比较差？如果是的话，你首先需要改变爸妈对你的印象。

　　你可以事先和爸妈沟通使用电子产品的时间和用途，然后说到做到，提升你在爸妈心中的信任值。当时机成熟之后，你再跟爸妈提出买电话手表，并要保证自己的学习不会受影响，也要承诺在哪些情况下使用。

　　以上就是我的建议，希望对你有帮助。

张辰渝

第十二章

自信力

  自信力是我们对自己的能力、价值和未来持有积极、肯定的评价和期待的能力。它让我们能够欣然接受自己的缺点，深信自己有能力克服困难并取得成功。当我们相信自己有能力时，会愿意接受任务和勇于迎接挑战。自信力会释放出一种坚定的力量，引导我们勇往直前，永不退缩。

56 同学总让我退出游戏，我很生气

我的烦恼

我跟别人玩游戏，人数满了，有一个同学一直说让我退出。我很生气。我该怎么办？

——跨过星辰大海

心语小使者

课间的时候，和小伙伴一起玩游戏，既可以增进同伴之间的友谊，还能缓解学习的压力。当人数满了的时候，大家可以通过协商或"石头剪刀布"等方式来决定谁退出游戏。如果有同学一味让你退出，这的确是件不愉快的事情。下面来分享一下我的方法吧！

烦恼橡皮擦

❋ 与朋友相处要有自信，要尊重游戏规则和他人的想法

相信自己有实力让他人喜欢，但好人缘不代表让所有的人都喜欢自己，每个人都有自己的喜好，不要过于敏感，因为某个人的话难过。游戏是大家一起玩的，游戏规则也是大家一起约定和遵守的，每个人在玩游戏的时候都有权利表达自己的想法。所以，当有一个人说让你退出时，这是他的权利，但不代表大家就会同意。你要对自己有信心，勇敢表达自己的想法，为自己争取和大家一起玩游戏的机会和权利。

❋ 让大家见证你的改变

如果别人让你退出的理由是你的一些缺点和不足，比如，你以前喜欢破坏规则，那我觉得这正好是一次机会，从这次开始你要用行动让大家对你有所改观。

❋ 坚定做自己，寻找志同道合的伙伴

如果这个群体不友好，拒绝你的理由也非常滑稽，你就需要想想，是否还要和他们一起玩，成长中一时没有合适的朋友，找不到适合自己的玩伴很正常，别急着怀疑自己不合群。志同道合的朋友总会在某一天出现的。毕竟，做你想成为的自己才是最重要的。

  读完这期"心语漂流瓶","心语小使者"的话给了我启迪：要勇敢表达自己的想法。我意识到要慢慢改变自己的行为，比如改掉我爱哭的毛病，让自己慢慢成长起来，遇事时先动脑，学会沟通表达。"做你想成为的自己才是最重要的。"这句话也让我变得更加自信了。

林沐妍

57 我有些胖，常被嘲笑，该怎么办

我的烦恼

我有些胖，在学校里常常被同学嘲笑和起绰号，这让我感到特别难过。平时家里有亲戚朋友来串门，也老说我体重的事情，就好像我是一个犯了错的孩子一样，我对自己也越来越失去信心了。

——一颗土豆

心语小使者

以前我也曾因为个子矮被同学嘲笑，所以我非常能够理解你现在的心情。那么就化悲伤为动力，让我来陪你一起探索一些好的办法吧。

烦恼橡皮擦

✿ 你要知道，被嘲笑并不是你的问题

嘲笑别人是不好的行为，肆意拿别人的身体特征来取笑的人才是错的。如果你仔细观察，会发现大部分的同学都是很友好的，不会拿别人的身材开玩笑。所以，你必须时刻提醒自己：这不是你的问题。

✿ 清晰地认识自己，不被他人的话影响

每个人都有自己的优缺点。我有一个小方法，来帮助你更全面地看待自己。你可以准备一张白纸，左右对半折，在这张纸的左边写下你的缺点，在纸的右边写上你的优点。同时，可以请爸爸妈妈或好朋友帮忙一起写。全部写完之后，你会发现，原来自己有很多让人喜欢的优点和长处，也有很多需要努力去改进的地方。这样一来，你才会对自己有清晰的认识，而不是单纯被"胖"影响，也不会轻易地被那些嘲笑所影响。同时，你也会拥有更稳定的情绪，对那些取笑别人的人，你可以无视他们，也可以怼回去。

✿ 和过去不健康的生活习惯说再见

不管之前是什么原因导致你体重超标，健康的生活习惯都会让你的身体更强健也更轻松。体重超标会给身体带来很多负担，不仅影响你的生长发育，还会让你体弱多病，甚至影响大脑的发育。爱护自己的身体，要从每一天的小习惯做起：每天按时吃饭，不要挑食，少吃各种零食和甜食；课间多

走动，早晚都进行一些运动；晚上按时睡觉，不要熬夜。当你开始懂得照顾你的身体了，体重就会渐渐恢复正常。

同学来信

　　读了一颗土豆同学的信，我也替他感到难过。我们绝不能因为身边同学一些外表或其他方面的特点而给他们起绰号。嘲笑他人，这是非常不礼貌、不文明的。

　　看了"心语小使者"的回复，我也得到了一些启发。我们不要总盯着自己的不足，这会让自己变得越发不自信。当因为一些事而感到迷茫的时候，我们可以让家人、朋友一起来说说自己的长处和短处。这样可以帮助我们更全面地看待自己，明确哪些事是自己可以继续做好的，哪些事需要去改进。这样，我们就不会被别人的看法影响，也可以让自己更加开朗自信。

　　最后，我想说，每个人都有自己的优缺点，只要我们正确看待自己，严于律己，持之以恒做正确的事情，我们一定会变得更好。

陈舒诺

58 爸爸说我太内向，可我不想成为吵吵闹闹的人

我的烦恼

我是一个不喜欢吵的孩子，平时喜欢听音乐、画画、看书。最近放假了，老爸见我总是看书，不时说我性格太内向了，说别人家的孩子都能说会道，还说外向的人在社会上很吃香，像我这样太内向的人，会吃亏的。难道我要改变自己的性格吗？可是我根本不想成为那种吵吵闹闹的人呀。我该怎么办？

——爱丽丝

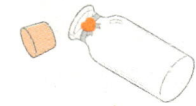

心语小使者

爱丽丝同学，爸爸觉得你性格内向，还担心这样下去你可能会吃亏。在乎爸爸看法的你，现在有些怀疑要不要改变自己的性格。我认为这个时候，可以做的是保持自己的性格特点，同时，提高社交能力，让自己适应当下的学习生活。性格没有

好坏之分。你不是也说自己根本不喜欢成为吵吵闹闹的人吗？所以，你就别为自己的性格而烦恼了，热爱自己的性格吧！

❋ 重点不是改变性格，而是学会扬长避短

性格有内向和外向之分，但是没有两个人的性格是一模一样的。内向和外向性格都有自己的优势和劣势，比如，性格内向的人想象力丰富、有创造力、做事专注细致等。所以，我们要学习认识自己和别人身上的性格特点，并有意识地运用不同的方式去和不同性格的同学相处，进而培养人际交往能力。事实上，性格内向的人也可以有很强的交际能力。

❋ 要学会解决因性格内向而带来的问题

如果因为性格内向导致在社交方面出现问题，那么我们就得学习一些方法、策略来克服性格带来的问题和挑战。一般性格内向的人，可能会出现一些烦恼，比如，不太会拒绝同学或朋友向自己提出的要求，导致自己很苦恼；很容易原谅同学对我们做的恶作剧，造成这种恶作剧源源不断；同学总借走文具，常不记得还，自己也不愿意说，导致自己没文具用等。

如果有以上问题的话，我们要学会运用沟通策略来保护自己。如果你一时不知道如何应对，可以向父母或班主任求助。我们也要学会独立解决问题，当同学做了让我们不开心的事情的时候，一开始可以不计较。如果次数多了，我们可以警告对方，也可以告诉对方的家长和班主任，甚至投诉到学校德育处。性格内向不是别人能欺负我们的理由。

❀ 不管性格外向还是内向，我们都需要朋友

首先，我们要思考自己到底是想找性格相近的同学做朋友，还是找性格迥异的同学做朋友，还是两者都要。然后对着镜子模拟如何表达交朋友的意愿，如何表达不同意见，如何委婉拒绝朋友的不合理要求等。最后根据实际交友的情况，再来反思、调整和改进，要相信自己能和内向、外向的同学找到舒服的交往方式。

同学来信

世界上的事物都有两面性或多面性。有正就有反，有快乐就有悲伤，有光明就有黑暗，人的性格也是一样，有内向和外向之分。外向的人性格活泼开朗，善于交际，看起来每天都开开心心，但也许在独处的时候，会感到更加孤单寂寞，总想找朋友倾诉，不愿意一个人待着。而性格内向的人呢，不太善于表达，但内心很敏感，也许和别人交流的方式不一样，偶尔会更享受独处，以为这样自在。

其实无论什么性格，我认为都要真诚待人，不要太在意别人的眼光，做自己就好，那才是最纯真、最纯粹的。别人觉得我们内向或者外向，那都是表面的判断，没有真正地深入了解我们，包括我们的父母也是一样。我们要珍惜每一次和父母交流的机会，彼此多了解，这样才会发现更多不同的想法，对我们的成长也是很有帮助的。

鞠若灵

59 我常常觉得自己什么都不如别人

我的烦恼

我今年上小学四年级了。我一直是个很自卑的人,觉得自己长得不好看,成绩也不突出。班级里的各项活动我都不敢去参加,也不敢主动和同学们交朋友,就连爸妈也一直觉得别人家的孩子比我优秀。我常常很羡慕那些自信阳光的同学。我不知道该怎么调整自己,请帮帮我。

——我是小蛋壳

心语小使者

我特别想为你点赞。因为从你的"心语漂流瓶"里,我看到你能面对自己真实的感受,并且用积极的态度主动寻求帮助。这是非常了不起的行为。接下来,我分享一下对这件事的看法。

烦恼橡皮擦

✿ 接纳自己的负面情绪

其实不只是你爸妈，我爸妈也很喜欢拿别人家的孩子和我做比较。这种感觉确实让人很难受，有时候甚至让我觉得自己很没用。我还知道家长用别人的长处来和我们比，目的是激励我们上进，避免骄傲。但是，每当遇到这种情况，我们都难免会感到难过和失落。如果你也出现了这样的情绪和想法，你要知道这是正常的。所以，接纳自己的情绪，是处理负面情绪的第一步。

✿ 更加全面地了解自己

不要因为爸妈的比较，就总关注自己的短处，放大别人的长处，这样我们会变得更自卑，会对自己形成很片面的看法。这个世界上没有完美的人，每个人都有优点和缺点，你可以罗列一下自己的优点和缺点，也可以请父母、同学、老师帮忙一起想。在别人眼里，你的优点可能比你想象的要多很多。所以，你完全可以大胆地去收集一下，我相信你一定会重新认识自己的。

✿ 为自己制定目标，走出属于自己的成长道路

当了解了自己的优缺点后，可以制定属于自己的一周小目标。比如，拿三次优秀作业；参与一次同学们的聊天话题；给需要帮助的同学提供一次帮助；用三个积极的词语来形容自己；夸奖同桌三次等。你还可以开展"啄木鸟行动"，要求自己在一段时间里，改变身上的一个缺点。当开始更多的行

动后，你会收获更多反馈，就不再和别人比较了，因为你每天都在变化，逐渐成为自己喜欢的样子。

 同学来信

其实，有时我也会有和你一样的感受，但读了"心语小使者"的话后，我受到了很大的启发。我们的心情跟看问题的角度有很大关系。现在，我觉得自己没有那么差，有很多优点，如果总是盯着自己的短板，只会越来越不自信。

今后，我会努力自信阳光起来，把自己的优势发挥出来，把自己的缺点好好改正，听取"心语小使者"的建议，做一个自信阳光、积极向上的好少年。

许王嘉

60 我不想再去接受那个没有希望的未来

我的烦恼

从小开始,我的父母就告诉我人是为钱而活的,我深信不疑,可也正因为如此,我觉得自己很没有价值,不想做"寒号鸟",不想再去接受那个没有希望的未来了。我的内心好像异常敏感,为了不让同学看出我的悲伤,白天我戴着微笑面具,但在无数个日日夜夜里,我自己哭泣着……

——鸟之诗

心语小使者

鸟之诗同学,我发现你是一位很爱思考的同学。小时候,我们特别崇拜父母,觉得父母无所不能,可是长大之后,我们会发现父母说的不一定都对。这个时候,我们可能会纠结、痛苦,但是这是成长的必经之路。在痛苦中,我们会发现自己真正想要的东西——充满希望的未来。在我们明白之前,我们的人生轨迹可能更多被父母影响,但是醒悟之后,我们完全可以掌握自己的人生。接下来,我们一起探索解决烦恼的方法。

烦恼橡皮擦

❁ 允许自己休息一下,给自己"疗伤"的时间

希望你好好回忆一下,小时候最快乐的时光——天很蓝,阳光很温暖,你每天都像一只快乐的小鸟。后来,是什么让这只小鸟不愿意再飞翔了?一定是有原因的。你是否经历了长期被贬低和被冷落的对待?是否你最信任的人让你觉得自己没有价值和未来?长期在这样的环境里,你心灵的翅膀被折断了。我可以理解你的无力和对未来失去希望的感觉。然而你不想做"寒号鸟",意味着你心中还有一丝属于自己的希望。小鸟的翅膀伤得很重,肯定会痛的,也一时很难飞翔。你可以允许自己休息一下,给自己时间疗伤。

❁ 接受自己的敏感

心理敏感不是你的错,是生活环境让你变成了这样。其实很多艺术家、哲学家都拥有敏感的心灵。我相信你的世界里也有很多丰富的感受。你可以试着通过音乐、美术、手工等,将这些感受表达出来,说不定还会创作出很不错的作品。

❀ 找到属于自己的信念和成长之路

信念就像一颗小种子，小时候你的父母将他们的信念种在你心里。因为你爱他们、依恋他们，且深深地相信他们。所以这个信念在你的心中根深蒂固，难以撼动，同时，它也会在学习和生活中一直影响着你。要改变这个

"信念"并不是通过讲道理就可以实现的。世界上没有完美的人，父母也会带着错误的信念生活。当这些信念浮现出来的时候，你可以试着提醒自己，并给自己一些新的信念。也可以多阅读一些优秀的书籍，像名人传记、哲学书等，在智者的指引下，找到属于自己的成长之路。

❀ 找一个安全的地方流露真实的情绪

在公众场合，你会把自己的悲伤伪装起来，这并不是一件坏事，反而说明你在公众场合有对情绪的控制力和为别人着想的能力。但是我们的情绪也不能永远隐藏着，你要把感受告诉父母，比如告诉他们你常常在夜里独自哭泣。因为你需要一个能够得到支持的环境去自我疗愈，而父母是你最亲近的人，是最能帮到你的

人。如果他们无法理解你，你可以主动寻求学校心理老师的帮助，借助心理老师的力量来和父母沟通。另外，你一定要相信，从今天起，我已经深深地理解你了。如果到了晚上，你独自哭泣的时候，要记住我在为你加油，每天晚上我都会用我的心灵来拥抱你。

鸟之诗同学，我与你的感受十分相似。一直以来，这种"自我否定"的话语都围绕在我周围。每当我发现自己的优点，都会被他人甚至自己推翻。我也许从未相信过谁或者被谁信任过。

或许你觉得没有人会在乎你的感受，但我相信"心语小使者"的话会给你一些希望和动力，让你勇敢做自己。

所以，别再独自悲伤了，总有人会信任你、喜欢你的。

赵昕怡

第十三章

自主力

自主力是根据自己的需要和兴趣，对自己的时间和行为进行决策、约束和管理的能力。当我们面临困难时，自主力让我们不依赖他人的决定，而是相信自己内心的声音。我们才是自己生活的舵手！

61 父母常把我跟"别人家的孩子"做比较，说我不如人家

我的烦恼

我的父母心里一直住着个"别人家的孩子"。他们每次都把我跟"别人家的孩子"做比较，说我不如人家。我该怎么办？

——疏星淡月

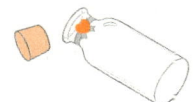

心语小使者

很多父母出于为我们着想，总是拿"别人家的孩子"来激励我们。其实父母不知道的是：在我们的世界里，那不是激励，而是打击。在一次次比较中，我们会慢慢失去自信，甚至会产生父母不再爱自己的想法。

父母其实是非常爱我们的，而正是因为爱得深，才会期待得多。父母的心里住着一个完美的孩子，但眼里看到的是缺点，嘴里说的是不足。当我们不符合他们心里完美孩子的样子时，他们会指正我们，希望我们变成完美的孩子。

有时，我们会很痛苦。一方面我们努力改变自己，让自己变得更加符合父母期待的形象；另一方面我们又会变得越来越不自信，觉得自己不像自己了。

多么希望父母放下心里那个完美的孩子，看到并接纳真实的我们。

多么希望父母看到我们的努力与进步。

我们迫切需要父母的肯定和支持。

下面，我们一起来看看怎么解决你的烦恼。

烦恼橡皮擦

✿ 和父母沟通，让他们知道你的想法

如果你的父母比较温柔，你就可以大胆地说出你的想法；如果你的父母比较严厉，那么你就要趁他们心情不错的时候去沟通。你可以当面与他们沟通，当然也可以写信给他们，说得委婉一点。如果你不太擅长沟通，那么，你可以问父母自己哪里做得不好，哪里需要改进，尽量改掉这些不足。

✿ 乐观一些，不要过于在意父母的比较

你可以在心里对自己说：爸妈是为我好，没关系的。对于他们总拿你和别人做比较，仅仅听一听，不要往心里去，这样就不会那么难受了。你要理解爸妈为什么这么爱比较。第一个原因可能是他们自己小时候也这么被比较过，所以，当他们为人父母后，这也成了他们无意识的行为。第二个可能是

他们的社交圈里经常有人把孩子拿来做比较,甚至把比较作为教育手段。不管是哪个原因,这都是爸妈的问题。只要我们自己不在意,这些声音就不会影响到自己。在经过你们的深度沟通后,相信爸妈会做出一些改变。当然,你自己也需要做出一些改变,从而让爸妈觉得你完全能够把自己的学业和生活安排好,不再让他们为你操心。

身为一名五年级的同学,我对你这种想法感同身受。比如我曾经有一次英语没有考好,回家希望得到父母的安慰,可父母却表示对我很失望,还说让我看看别人家的孩子,要好好向别人学习。

我们该怎样让父母不拿自己跟别人对比呢?我觉得可以尝试在父母高兴时,和他们好好聊一聊,也可以写信给他们。同时,我们也要努力成为更好的自己。

李晓美

62 妈妈偷偷整理我的书桌,我很生气

我的烦恼

妈妈天天唠叨我的书桌乱,还趁我睡觉的时候偷偷整理我的书桌,我觉得非常生气,很不喜欢妈妈这样做。我的书桌我做主,我不希望她乱动我的东西。我该怎么办?请你帮帮我。

——小山楂

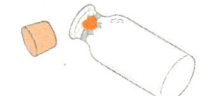

心语小使者

小山楂同学,我能理解你现在的心情,因为这样的事情我也经历过。在我小时候,奶奶照顾我的生活,她会把我的所有东西都擦干净,整理好。现在我长大了,奶奶也总是忍不住到我房间里来擦一擦、理一理。刚开始,我会有些生气。后来,我也慢慢摸索到了一些方法。

烦恼橡皮擦

❀ 先冷静下来，调节好自己的情绪

当我们情绪非常激动的时候，状态会很差，甚至有时会说一些伤害人的话，或者做出让自己后悔的决定。因为情绪"上头"的时候，我们很难控制自己。所以我们感到生气的时候，可以先让自己冷静一下，或者离开现场进行深呼吸。

❀ 换个角度看这件事

就拿我来说吧，有一次，我看到奶奶在整理我小时候的衣服，把每一件都洗得干干净净，叠得整整齐齐。她整理得非常开心。从小到大，奶奶都习惯于悉心照顾我，帮我洗衣服，整理玩具。她怕我被细菌感染，所以经常给我的玩具、小桌椅消毒；她怕我把东西弄丢了，就经常帮我做收纳。对她来说，整理我的东西，是一种习惯，也是她表达爱的方式。我相信，你的妈妈也是习惯于照顾你，在她眼里，你永远是她的宝贝，她希望能让你在卫生、整洁的环境里学习。如果你从这个角度想一想，你的情绪也会得到平复。

❀ 和妈妈进行沟通

真正的沟通，是在没有负面情绪并互相尊重的前提下进行的。当你调整好自己的情绪后，可以直接把你的感受告诉妈妈，也可以和妈妈一起想想解决的方法，而不是两个人彼此指责和伤害。比如我当时和奶奶讨论的

结果是：每个周末，奶奶都可以检查一下我的房间，给我提建议，然后由我自己来整理。这样既能满足奶奶想照顾我的心愿，又能维护我自己的隐私，让我能自己管理自己的东西。你也可以试着和你的妈妈一起做个这样的约定。

❀ 用行动证明可以管理好自己的物品

我们已经长大了，可以自己来管理自己的物品。可父母总会担心我们做不好。所以要用事实告诉他们：我们已经有这个能力了，让他们放下这份担心。比如，每天睡前整理一下书桌；每天早上拿抹布擦一擦桌面。其实每次整理好书桌，我都会有一种想要好好学习的冲动，不知道你有没有这种感觉。这是整洁有序的环境给我们的一种积极的心理暗示哦。

 同学来信

小山楂同学，我有一个从自身做起的小办法，你可以试试。你希望妈妈尊重你，给你管理自己房间的自由。那么，反过来，如果你想使用爸爸妈妈的物品，你可以问一句："我可以用吗？"如果你想进爸妈的房间，你敲门后可以问一句："我可以进来吗？"你每一次尊重的询问，都是在提醒爸妈要尊重你。

林姚雨

63 暑假被安排得满满的，该怎么办

我的烦恼

暑假到了，妈妈给我准备了很多暑假学习的内容，还有各种课外试卷、课外书等。每天从早到晚都被安排得满满的，这让我感到非常难过和失落，真感觉暑假还不如不放呢。

——橙味西红柿

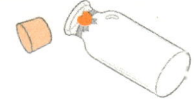

心语小使者

橙味西红柿同学，暑假里，你每天的时间都被安排得满满的，不是在上课就是在去上课的路上，我非常能够理解你的感受。你有没有尝试过和妈妈沟通，让她允许你自己来规划暑假生活。如果沟通失败了，也没关系，不要放弃。你可以总结失败的教训，制订下一次沟通的方案。倘若实在不行，也可以尝试采用迂回战术，先把爸爸搞定，在爸爸的支持下，也许你就能够按自己的想法过暑假了。

烦恼橡皮擦

✿ 理解爸爸妈妈为你制订暑假计划的目的

爸爸妈妈之所以着急为你安排暑假的学习计划，是因为他们担心你会在假期里放纵自己玩电子产品，怕开学后不仅把上学期学的知识都忘了，还会因为在暑假里养成的坏习惯而导致上课无法专心听讲。所以，爸爸妈妈的出发点是希望你能在暑假里保持良好的学习习惯，在巩固学科知识的同时，补充一些课外知识。理解了这些以后，你就知道了爸爸妈妈原来是想帮助自己，也就不会那么气恼和难过了。

✿ 认真为自己制订一份详细的暑假学习计划

将近两个月的暑假，时间非常充足。你的暑假计划里可以包含：学习课内外知识、体育锻炼、娱乐活动等。一份详细的暑假计划，能让你在暑假中劳逸结合，既让你保持良好的学习习惯，又有充足的玩耍时间。

❀ 和爸爸妈妈分享自己的计划

在假期里，不仅需要认真学习，也需要快乐地玩耍。当爸爸妈妈知道你已经能为自己安排好暑假生活，会主动地去学习和锻炼后，他们也会放下对你的担心，并开始理解你、支持你。

❀ 坚持执行自己制订的暑假计划

执行暑假计划是你的责任，千万不要被别人影响，要学会拒绝外界的干扰和诱惑。如果有一些临时情况发生，打乱了你的日常安排，也不要因此而放弃这份暑假计划，可以在事后把没有完成的内容补上。

同学来信

　　我爸妈也在假期给我安排了兴趣班，所以我能理解你的感受。"心语小使者"的方法非常好，我也要为自己制订一份假期计划，比如，早上学习英语，下午刷题，晚上阅读课外书，中间可以休息放松，锻炼身体，也可以和爸爸妈妈一起玩一些小游戏。这样不仅能提高学习效率，还能让娱乐的时间变得更多。最重要的是，我能够成为假期的主人，也让爸妈知道我已经长大了，能够把自己的学习生活安排好。

谭天依

64 做完作业,我好无聊,该怎么办

我的烦恼

我今年上五年级了,有件事让我一直有些困扰。平时我每天做完作业就睡觉了,可是到了周末,做完作业后不能打游戏也不能看电视,就不知道做什么好。虽然爸妈总催我多复习、多预习、多看课外书,但我一点也不想听他们的。每当这个时候,我就感觉特别无聊。我该怎么办呢?

——小亮

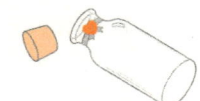

心语小使者

小亮同学,看了你这个问题,我感同身受。因为我曾经也遇到了和你一样的情况。虽然我知道爸妈很希望我不要浪费闲暇时间,多看看书,多复习功课,但是我心里还是有些不乐意的,又很迷茫,不知做什么好。直到有一天,我尝试着做了

一份"心愿单",发现时间有些不够用了,真想多一些属于自己的闲暇时间啊!现在,我就把"心愿单"的制订方法分享给你。

✿ 认真思考并写下自己的愿望

在平时忙碌的学习生活中,我们需要听从老师的教导、父母的安排,所以自己真正的心愿往往会被忽略。那么,在属于我们自己的闲暇时间里,我们可以先把心里的愿望写下来。就拿我来说吧,当时我在纸上写了很多很多愿望:希望被老师表扬,希望能组建乐队,希望和朋友们玩耍等,这些可都是我内心特别向往的事情。

✿ 将愿望分类

因为属于我们自己的时间是有限的,有时候可以有大半天,有时候只有半个小时。所以把心愿分类,有助于我们更合理地分配时间。比如,我把我的心愿分为了三大类,分别是:学习进步愿望、组建乐队愿望、快乐游戏愿望。你也可以按照你的实际情况分类。

✿ 对闲暇时间进行分配

以我的心愿单为例,我是这样分配的:早上是帮助自己实现组建乐队愿望的时间,具体行动是练琴和练唱歌。回来后,就是我认真学习的时间。旁晚是我快乐游戏的时间，我会去楼下找小区里的朋友们玩。这样对闲暇时间进行安排，不仅能让我们充分放松，还能让我们一步一步地实现自己的愿望。

同学来信

"心语小使者"的话让我感触很深。我也经常面临着跟小亮一样的问题。之前做完作业我也会感到很无聊，不知道要干什么，通常都听爸妈的安排。现在我懂得了要对自己的时间做好规划。接下来的周末，我打算这样安排：早上晨读，晨读后，复习巩固当周学习的知识，做到温故而知新。完成所有作业之后，我也要列出我的心愿清单。

我的心愿清单大概分为这几类：一是学习进步类，二是爱好类，三是快乐游戏类，我会请爸爸妈妈参与进来，这将是一件很幸福的事情。快乐学习，快乐成长！

马锦轩

65 妈妈总给我买很多我不爱看的书，该怎么办

我的烦恼

妈妈给我买了很多我不爱看的书，像历史书、地理书，这些书连她自己都不爱看，但她却还硬要我看完。我对这些书实在提不起兴趣，一点都不想看，我有我自己爱看的书，可是妈妈不理解。我该怎么办？

——云彩

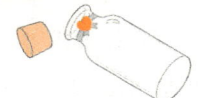

心语小使者

云彩同学，你的妈妈总是让你看一些你不爱看的书，这让你感到非常苦恼。我能理解你的感受，因为我的妈妈以前总让我看古文，我也一度非常反感。之后，经过与妈妈沟通，我知道了古文的重要性，然后试着不带情绪地重新看古文，我竟然

发现了古文的精妙之处。其实，我们的想法往往会影响我们的情绪，而我们的情绪又会影响我们的行为。所以，你可以和妈妈好好沟通，说不定你会跟我一样，在改变想法之后，爱上看历史书和地理书呢。

❀ 更全面地看待这件事，理解妈妈的善意

妈妈为你买书，目的是帮助你去认识这个世界。当你遇到问题或者对一些事充满好奇的时候，可以在自己的书架上寻找答案，这是一件非常美好的事情。我喜欢看一些侦探类的书，我的妈妈却给我买了很多物理知识方面的书。虽然平时我不爱看这些物理书，但当我遇到相关问题，要寻找答案的时候，妈妈早已为我准备好了有用的工具书。如果你不爱看妈妈买的这些书，就可以把它们当作你的解谜工具书去使用，相信妈妈给你买的书一定会派上用场的。

❀ 向妈妈表达谢意，并分享你的阅读心得

无论这些书是不是你爱看的，都是妈妈费心为你挑选的，当你懂得感恩和表达感谢后，妈妈会感到很欣慰，她也会静下心来认真聆听你的想法。这个时候，你可以告诉妈妈你喜欢看什么样的书，原因是什么，那些书带给你怎样的帮助，妈妈给你买的书，你会怎样去阅读。比如，可以制订一个阅读计划，每周日下午，阅读一会儿妈妈买的书。当妈妈了解到，

你有自己感兴趣的书，即使不爱读她买的书，但你还是会留出时间来读，她也会感到欣慰的。

✿ 一起去书店买书

互相理解会让彼此更加尊重对方的喜好和善意。当了解了你的想法和喜好，妈妈对你阅读上的担忧也会减少，她会更加放心地让你自由地去读自己喜欢的书。

同学来信

　　看了"心语小使者"的话，我了解了妈妈对我的爱，也了解了妈妈的良苦用心。我不应该自暴自弃，所以，我也按"心语小使者"的建议，和妈妈一起谈了次心。妈妈之所以给我买这些我不爱看的书，是因为她觉得这些书能让我增长知识，能让我更加了解这个世界，她想让我成为一个精神上"不挑食"的孩子。

　　现在我每个周六、周日的下午都会阅读妈妈买的书，其余的时间我会读自己喜欢的书。这样的阅读安排不仅能让我学习到以前不了解的知识，也能让我有时间阅读自己喜欢的内容。

吴卫语

66 新学期，爸妈对我要求更严格了

我的烦恼

以前妈妈一直对我很好。可是从三年级，她开始变得严厉了。她对我的要求也突然变得特别高，写字必须要美观，成绩必须在A及以上。还给我买了一堆课外试卷让我做，我也没有了属于自己的时间，感觉越来越不快乐了。真的不明白妈妈为什么会突然变成这样。好烦啊！请你帮帮我。

——曲奇饼干

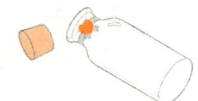

心语小使者

  曲奇饼干同学，在你上三年级以前，妈妈对你很温柔，可是到了三年级后，妈妈突然开始严厉了起来，对你学习上的要求也提高了。妈妈态度上的变化让你感到很不适应，突然增加的家庭作业也让你的自由活动时间减少了。这件事让你感到难过。

我能够理解你现在的心情，因为我也有过这样的经历。在我小学一二年级的时候，爸爸对我很好，可是到了中高年级时，他的态度就变了，感觉不再把我当作一个小孩子了。我也曾经为此情绪低落过一阵子。可当我对这件事进行更多的了解后，我就打开了心结。下面，我就来分享一下我的心得体会吧。

烦恼橡皮擦

❀ 主动和妈妈沟通

小时候，妈妈对你很好，说明她是非常爱你、关心你的。现在妈妈对你的态度变得严厉了，背后一定是有原因的。与其自己烦恼，不如去问个清楚。同时，也向妈妈表达你的感受和期望。主动去沟通，可以让你看到事情真实的样子，不再胡思乱想。

❀ 调整好自己的心情

经过沟通，了解了妈妈变化的原因，你就可以试着调整好自己的情绪。到了中高年级，作业确实会比低年级多，学习的内容也会更难。因此，稳定的情绪和良好的精神状态更有助于你面对每天的学习和生活，同时也会减少妈妈对你的担心。

❋ 做好学习规划，并认真执行

当你进入三年级后，就不能再像一二年级那样放学就去玩耍了，而是要认真完成作业，做好复习、预习安排。另外，还要进行课外阅读、体育锻炼。因此，你要规划好自己放学后和周末的时间。在学好知识，锻炼好身体的前提下，再安排自由活动或娱乐时间。当你能自觉地做到劳逸结合，妈妈也会放下对你的担心，做回那个温柔的妈妈了。

同学来信

　　在我心底，我很感激我爸妈，是他们的鼓励，让我树立了学习的自信心，也是他们的严厉，让我知道自己哪里需要改进，并让我取得了优异的成绩。

　　爸妈的心情我也理解，他们对我们有所期待，严格要求，也是希望我们能有一个好的未来。人生的道路很长，需要一步步去探索，现在的我们更需要鼓励，而不只是批评和指责。

方诗雅

第十四章

共情力

共情力是指我们在与他人相处时,能够站在对方的角度,设身处地地理解他们的情绪和想法,能够对他们的感受产生共鸣并做出回应的能力。共情力就像一把钥匙,可以帮助我们打开理解和感受他人情绪的大门。

67 父母因为我吵架,我非常内疚

我的烦恼

我今年上小学四年级了,最近遇到一件事情让我感到心烦意乱。爸爸妈妈在家里总是因为我学习的事情吵架。我还听见他们提到了"离婚"两个字,心里感到非常内疚。我知道自己应该好好学习、好好表现,可是不知道怎么搞的,就是静不下心来听课和做作业。我真是个坏孩子,很讨厌自己现在的样子。请问,怎样才能成为一个好孩子呢?

——迷路的菲菲

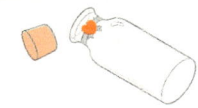

心语小使者

迷路的菲菲同学,最近你的爸爸妈妈经常吵架,你觉得是由你的学习问题而引起的,所以你感到特别内疚和自责,甚至怀疑自己是个坏孩子。在这样的忧虑之下,你很难把注意力集

中到学习上。

对于你现在的心情，我非常能够理解。每当听到爸妈吵架，我们都会感到恐慌害怕，会很担心，还会胡思乱想。会想爸妈为什么吵架？是因为我吗？爸妈以后还会不会爱我？他们以后是不是要分开了？等等。这些念头会在脑海中挥之不去，不仅影响学习，有时候还会让我们睡不着觉。

这种时候，该怎么办呢？

烦恼橡皮擦

✿ 调整好自己的情绪

也许你的问题引起了爸爸妈妈的担心和争吵，但是争吵是他们自己的事情，是爸爸妈妈需要学会解决的问题。你不需要为此产生负罪感和愧疚感，因为这不是你造成的。你要思考的是在他们吵架的时候，怎么让自己释放压力和调整心情。你可以：（1）找你信任的好朋友或者学校的心理老师，将你的害怕和担心说出来；（2）利用你的兴趣来调整心情，想一想平时做什么事情能够让你的心情平静下来；（3）做一些你喜欢的运动，因为在运动的时候，我们的脑部会分泌出一种可以带来快乐情绪的物质。

✿ 改正错误，静静地等待爸爸妈妈结束争吵

爸爸妈妈非常重视你，希望帮助你改正错误。你只需要努力去改正自己的错误，勇敢地去做正确的事情，不用害怕，因为你背后有他们的爱和关心。如果你改正之后，他们还争吵，你可以为家里做些家务，来帮助爸爸妈妈减轻家庭负担，比如扫

地、洗碗……给他们一些时间和空间，让他们摸索适合他们的相处方式，这是属于爸爸妈妈的成长任务，我们只需为他们默默地加油。

❋ 主动进行沟通

当爸爸妈妈和好以后，告诉他们在他们吵架的时候你的心情和感受。这样，他们以后在出现矛盾的时候就会顾及到你，有意识地调整他们之间的沟通方式了。

同学来信

平时，爸爸和妈妈也经常因为我而吵架。比如说我去同学的生日派对，回来晚了；作业不小心晚交了；考试没有考好；跟妹妹打架或吵架；等等。每次他们吵架，我都会害怕，害怕他们离开我们。

但是，我们要像"心语小使者"说的那样，不要把这件事放在心上，不要因为这件事影响我们的学习。我们该把紧张的心情放松下来，可以看书、玩玩具、跟弟弟或妹妹聊聊天等。事后，我和妹妹发现爸爸和妈妈还是最爱我们的，吵架有时候是他们沟通的方式。

但童童

68 爸妈没有时间陪我，我感到很失落

我的烦恼

我现在上四年级，有一件事困扰我很长时间了。从我小学一年级起，我的爸爸妈妈就总是在忙工作，都没有时间陪我，每天放学都是爷爷或奶奶来接我。我真的很羡慕同学们平时都有爸爸妈妈接送，也很想让爸妈知道：我要的不是有钱的爸妈，而是爸妈的陪伴。现在我该怎么做呢？希望你能帮帮我。

——卷毛鼠

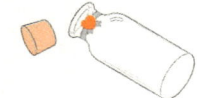

心语小使者

卷毛鼠同学，你特别希望爸爸妈妈能多陪伴你，也非常羡慕你的同学们经常有爸爸妈妈陪在身边。在你心中，金钱根本就不重要，和爸妈在一起的时光才是最珍贵的。此刻，我非常能够理解你的心情。爸妈总是不在身边，会让人心里很不安，

也常常会感到害怕和孤单。当爸妈陪在我们身边的时候，这些不安和害怕就消失了。

那么，此时此刻，我们能做些什么呢？

❋ 正确看待这件事，调整好自己的心情

爸爸妈妈平时没有更多时间陪你，不是因为贪玩，也不是因为不愿意陪你，而是因为工作忙。他们希望通过努力工作给你提供更好的生活条件，为此他们愿意付出时间和精力。从这个角度来看，虽然他们每天都在忙工作，但同时也代表了他们每天都在忙着爱你。当这样理解爸爸妈妈的时候，你就可以让自己的心情放松下来。

❋ 向爸妈表达出你的想法

在爸爸妈妈的眼里，爱就是：努力工作，多赚钱，给你更好的生活。他们可能不了解你的真实想法，不知道其实在你的心里面，和他们在一起的时光比钱和礼物重要得多。你要让他们知道这些，就要直接表达出来。如果爸爸妈妈太忙了，你可以用写信或发短信的方式告诉他们。他们一定也想了解你内心真正的感受和需求。了解了这些，他们一定会想办法来多陪你的。

❋ 分担家务，学会关心爸妈和爷爷奶奶

你有没有发现，其实家里的每个人都在守护着这个家庭。爷爷奶奶照顾你和做家务，爸爸妈妈努力挣钱。你也可以加入到他们的队伍中去，做些力所能及的事。比如扫地和洗碗，自己的衣服自己洗，平时多关心爷爷奶奶，给爸妈倒杯水等。当你也开始一起为家里做些事的时候，你会发现爸爸妈妈和你一直在一起，你们在同一个队伍里，彼此配合、互相关爱、一起前进。

同学来信

爸爸妈妈这么努力工作、加班，是因为他们爱我们，想给我们提供更好的生活条件。我们都希望爸妈多陪陪自己，我和爸爸妈妈聊过以后，他们真的会多陪伴我。你也可以和爸爸妈妈聊聊你的心里话。不管结果如何，我们都要记得一家人是互相陪伴、彼此守护的，爸爸妈妈以工作劳动的方式守护着这个家，你也可以是那个理解他们、守护他们的人。

方悦婷

69 爸妈总是问东问西，我觉得很烦

我的烦恼

最近我和父母的关系不太好，他们总是问我生活上的问题，我不是很想回答，觉得很尴尬，到头来弄得都不开心。可他们还是会问，我觉得特别烦。请问，我该怎么办？

——影子

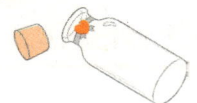

心语小使者

影子同学，我非常理解你的感受。我的父母总问我关于我和好朋友的事情，我告诉他们之后，他们就讲起了大道理，说我这件事做得不对，那件事应该怎么做。我当然不服气了，就会撑回去，然后就产生了家庭矛盾。于是，为了避免和他们发生争执，我渐渐地不愿意和他们谈论自己的社交圈和生活了。本以为这样就可以让彼此相处得和谐一点，没想到我越不回答，他们越一个劲儿地追问。这件事也困扰了我一段时间，直到我实在忍不住了，寻求了心理老师的帮助后，才渐渐地解决了这个困扰。

烦恼橡皮擦

❋ 理解和接受自己的行为

你不愿意和父母沟通，这并不完全是你的问题。但是父母对你的追问也是源于他们对你的关心，你不能置之不理。现在的你，希望被当作一个大人对待，希望自己的想法和感受都能得到尊重。所以当父母不但不听你的想法，反而希望你能符合他们心目中的样子后，你就选择了回避谈论那些问题，去避免产生家庭矛盾和互相伤害。你的出发点没有问题，但是你更应该选择通过努力沟通，建立更和谐的家庭关系。

❋ 换位思考，为什么父母会那么在乎你生活上的事情

虽然你已经有一定的思考和判断能力了，个头也可能更像一个大人了。可是在父母眼里，不管你长多大，永远都是他们最宝贝的孩子。他们习惯去关心你、保护你，想让你健康、安全。如果对你的生活一无所知，他们会感到非常担心、焦虑，所以才会不断地问你。他们的出发点也是希望能尽自己的力量保护你。

❋ 在保护好自己隐私的同时，适当地透露一些情况，让父母放心

当你觉得和他们无法沟通，又不想引起矛盾的时候，你可以选择一些简单的内容回复他们，目的是让他们放心。当他们知道了你是安全的，他们也就不会那么焦虑和担心了。如果你真的遇到了难以解决的事情，还是要及时求助父母。

同学来信

  我认为"心语小使者"的建议很好，我们可以在保护自己隐私的同时适当地透露一些情况，让父母放心。面对父母的关心，我们不能置之不理。我们可以换位思考一下，理解父母为什么要问我们生活上的问题，就不会觉得特别不开心了。

  记得有一次，我爸妈也是一直追问我生活上的问题，我不愿意回答，所以我就和他们闹得很不开心，之后还冷战了一段时间。现在想起来，我觉得当时真不该这样做，因为父母也是出于对我的关心。

许雨晴

70 发现妈妈的消极日记，我很担心妈妈

我的烦恼

我和妈妈的关系不太好，她对我很凶，有时候还会打我，我也经常会使用一些恶作剧来报复她。可是前天晚上，我无意间看到了妈妈的日记本。妈妈在日记里记录着她曾经很不喜欢自己，还感到自己很没用。看了妈妈的日记后，我心里特别难受，很想帮助妈妈。我该怎么做才能让妈妈开心起来呢？请帮帮我。

——许愿星

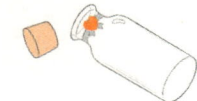

心语小使者

许愿星同学，你觉得自己和妈妈之间的关系不好。但当你看到了妈妈日记的内容后，对妈妈的看法发生了改变。你开始担心，担心妈妈遇到了什么麻烦一个人扛着，担心妈妈情绪低落。

你要知道妈妈的情绪出了点问题,这不是你的错,你不用为此负责。看到你这么关心妈妈,说明你是非常爱妈妈的。我相信,妈妈也是非常爱你的。

下面分享一些我的看法,希望能帮到你。

烦恼橡皮擦

❀ 照顾好自己,让妈妈看到你能将生活和学习安排好

通过回忆和妈妈发生冲突的场景,我们会发现家庭冲突很多时候都是因为缺乏沟通,产生了误会。我建议你把自己每天的学习计划制订好,跟妈妈沟通,听听妈妈的建议,然后请她做监督人。你每天认真执行计划,并及时向妈妈分享进度。妈妈发现你可以把自己照顾好,就不会再为你的事情操心,也不会再为了学习的事和你产生矛盾了。

❀ 向爸爸求助,一起为妈妈分担家务

你可以把妈妈心情不好这件事告诉爸爸。这个时候的妈妈,更需要爸爸的关心和理解。我相信爸爸是爱妈妈的,也非常爱这个家。你知道吗?女儿是爸爸的小棉袄,你可以多撒撒娇,让爸爸和你一起多帮妈妈分担家务,让爸爸多抽时间陪妈妈散散步、聊聊天。

✱ 主动和妈妈沟通，给妈妈支持

在家庭里，爱是可以化解所有误会和矛盾的。你可以找妈妈坦诚地聊一次，也可以写一封信给妈妈。当妈妈知道你很爱她，你的叛逆不是因为讨厌她，只是因为被训斥和指责让你难以接受。你正在努力地管理好自己的生活和学习，让妈妈放心。我相信她会感受到你对她的鼓励与支持。

同学来信

  妈妈是世上最爱我们的人。我们要关心她、体谅她，为她分担家务，尽量不要与她争吵。正如"心语小使者"说的那样，如果妈妈生气了，我们要理解妈妈的行为，可以多与她沟通，消除误会。

  另外，我们应该管理好自己、做好自己的事情，少让爸妈操心。我们要学着制订学习计划，成为学习的主人，让爸妈对我们放心。我们还要给父母创造相处的时间和空间，让他们享受二人世界。我相信，爱可以化解一切矛盾。

孙宇辰

71 奶奶的操心让我好烦，该怎么办

我的烦恼

我今年上小学五年级了。奶奶每天都很操心我，而且操心的时候，会说很多话。有时我真的会有些烦，就是不知道如何委婉地劝说，这让我很苦恼。

——王十涵

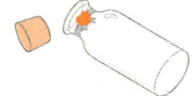

心语小使者

王十涵同学，奶奶一边为你操心，一边唠唠叨叨，一般情况下，你也许能调整好情绪，不当一回事，但是有时也会忍不住感到很烦。因为一直没有找到合适的方式劝说奶奶，所以你感到很苦恼。

我想奶奶应该非常疼爱你，而你也非常爱你的奶奶。所以，即使在你觉得烦的时候，也还在想如何委婉地劝说奶奶。能做到这一点，你真的很棒。

烦恼橡皮擦

❋ 扛下所有的唠叨

奶奶年纪大了，她待人接物的方式都成了习惯。小时候，我们喜欢奶奶跟我们说很多话。现在我们长大了，不喜欢她这么唠叨了，就想让她改变，我觉得这有些自私。也许奶奶很孤单，在找人聊天；也许奶奶心情不好，在找人排解。奶奶经常嘴上说我们哪里做得不好，但还是会帮我们收拾。作为孙女的我们应该去包容和接纳她的唠叨。我们扛下唠叨，也是我们向奶奶表达爱的一种方式。

❋ 委婉表达心意，不强求改变

在长大的路上，我们很容易因为过多考虑别人的想法，而忽视自己的感受。我们应该向奶奶表达自己的感受与想法。可以选择的方式很多，比如当面沟通、写信、留言或让爸妈转达等。你可以趁着奶奶心情好的时候，用撒娇的方式跟奶奶说："奶奶，您也知道，我小时候可喜欢听您唠叨了，可是我现在五年级了，功课越来越多了，您能不能先让我一个人专心做完作业，然后我和您一起打扫房间，一起做午饭，行不行啊，奶奶！"

❋ **根据情况，有时扛下奶奶的唠叨，有时委婉沟通**

　　如果奶奶只是发发牢骚，我们可以屏蔽奶奶的话语，仅仅是听听，然后该干吗就干吗；如果我们不是很忙，可以认真听奶奶的唠叨，也认真回应奶奶的话语，这能够让奶奶感到被尊重和理解。如果奶奶总是数落自己这里不好，那里不好，那么，我们就可以使用撒娇的方式来委婉沟通。

同学来信

　　我用"心语小使者"的方法给我的奶奶写了一封信，信上写了我平常没和奶奶说的话。奶奶在第二天就找我谈心，说她其实是担心我。比如说，有一次，我要自己做饭，奶奶却不让，那是因为之前她在无意间看到一个视频，里面的小女孩自己做饭，不小心烧着了自己的衣服，差点儿出了事故。奶奶怕我也会像这个小女孩一样，所以才不让我做饭。我这才明白了奶奶的良苦用心。我和奶奶说我已经上五年级了，可以做一些自己力所能及的事了。从这次我和奶奶谈心之后，奶奶就开始慢慢地支持我做一些想做的事了。

　　　　　　　　　　　　　　　　　　　　　　　　石头

72 爷爷奶奶回老家了，我感到很难过

我的烦恼

我今年上小学五年级。最近爷爷奶奶回老家了，我的心情很低落。记得以前上幼儿园的时候，都是爷爷奶奶接我回家的，节假日奶奶都会烙饼给我吃，我可爱吃了！我不开心的时候，爷爷会哄我开心，我很喜欢他们。可是他们年纪大了，希望能回老家生活。从今以后，我见到爷爷奶奶的机会就很少了，心里面感到特别难过，爷爷奶奶刚走没几天，我就很想他们。你说我该怎么办呢？

—— 小喵爪

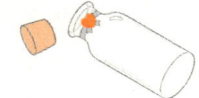

心语小使者

小喵爪同学，你很喜欢爷爷奶奶，他们给了你很多陪伴和照顾。可是现在他们回老家了，你非常想念他们。我很理解你的感受。因为我也是被奶奶带大的，现在上学了，见奶奶的机会少了，我也很想念她。现在我们都已经长大，他们也

都年纪大了，需要更多属于自己的时间，也需要多休息了。我们可以将这份想念化为动力，来报答他们。

下面分享一下我的想法吧。

烦恼橡皮擦

❋ 珍惜和爷爷奶奶在一起的珍贵回忆

你之所以感到难过，是因为你太想念和爷爷奶奶相处的时光了。那段时光一定带给了你很多快乐、温暖和感动。随着我们渐渐长大，小时候发生过的事情会慢慢地被淡忘。你可以把这些美好的记忆保留下来。就拿我来说吧，我有时会用写日记的方式把回忆中和奶奶相处的趣事写下来，有时会整理手机里我和奶奶的照片，做成电子相册。这样一来，无论经过多少年，这些美好的记忆依然会陪伴着我。你也可以用自己的方式来记录你和爷爷奶奶相处的时光。

❋ 保持好和爷爷奶奶的联系

也许你的爷爷奶奶现在离你很远，但他们依然可以陪着你。你可以每个周末和爷爷奶奶视频通话一次，也可以把你平时的生活小视频发给他们，到了寒暑假，你还可以回去看看他们呢。你要明白，他们爱你、关心你的心是不会改变的，只不过是换了一种方式陪伴你而已。因此，你完全可以让自己放松下来，适应和爷爷奶奶新的相处方式。

❁ 理解爷爷奶奶希望回老家的心情，为他们祝福

当我们长大了，爷爷奶奶也越来越老了，他们需要好好休息和放松，需要完成自己的心愿。你的爷爷奶奶已经在这里陪伴和照顾你很多年了，应该很想念自己的家，想念自己老家的兄弟姐妹吧。所以这一次回老家对他们来说是一件快乐的事情，如果你爱爷爷奶奶，那就为他们感到高兴，为他们祝福吧。祝愿他们在老家能安享快乐的晚年生活，同时也感谢他们过去对你的照顾。

同学来信

"心语小使者"说得对，爷爷奶奶也要回自己的家看看，去见见自己的兄弟姐妹和朋友们，他们要过自己的晚年生活了。在我上二年级的时候，爷爷奶奶回了老家，我也特别想他们。

以前他们会给我买麦芽糖，带我去看戏，所以现在逢年过节的时候，我都会带一些好吃的水果或者别的东西给他们。假期里，陪他们吃饭，与他们一起旅游时，拍些照片。这样，以后想他们了，就可以看看他们的照片。

你不用难过，假期到了，你就可以去陪陪他们了，现在你只需祝福他们就好啦。

高梓婷

第十五章

手足力

手足力是指我们在与兄弟姐妹相处时，能够理解和关心对方，相互分享和帮助，以维系积极和支持性的情感联系的能力。兄弟姐妹是我们生命中最亲近的人之一，我们一起玩耍、学习，分享彼此的快乐和困扰，共同解决学习和生活中的问题。

73 我总为弟弟"背锅",太难了

我的烦恼

每次写作业的时候,我的弟弟都会跑到我的房里,而且他摔倒以后,爸爸妈妈总会说我不好。我好难啊。

——怪盗基德

心语小使者

怪盗基德同学,我也有个弟弟,一开始,我觉得弟弟是个只会哭的小婴儿,后来,弟弟长大了,我才知道弟弟跟我一样,也有情绪和感受。于是,我和弟弟打打闹闹、鸡飞狗跳的日子就开始了。我一做完作业,爸妈就会让我陪弟弟玩,这也是我比较开心的时候,不过我弟弟经常哭,让我很苦恼。因为弟弟一哭,爸爸妈妈就责怪我为什么没有照顾好弟弟,为什么没有让着弟弟。慢慢地我总结出了和弟弟相处的方法,现在分享给你。

烦恼橡皮擦

✿ 事先约法三章,不可以无缘无故哭

在玩游戏之前和弟弟约定好,如果游戏过程中他哭了,就停止游戏。这一招非常管用,当弟弟要哭的时候,我一提醒,一般情况下,他就不哭了。

✿ 当弟弟哭了,学会照顾弟弟

如果是自己的错,就向弟弟道歉,如果不是自己的错,就跟他好好解释。如果是弟弟错了,我们也不能任由他哭,而是要好好与他沟通。一般情况下,弟弟会冷静下来,如果弟弟仍然哭闹,我就会主动跟爸妈说明情况,让他们来安抚弟弟。我们要明白,家不止是讲道理的地方,更是讲感情、彼此照顾的港湾。

❋ 彼此理解，珍惜和弟弟之间的感情

尽管我和弟弟经常会吵吵闹闹，但是我真的很喜欢他。他也非常在乎我，非常爱我，即使我对他发脾气，他也能原谅我。弟弟来到我的生命里，带给了我很多欣喜，我们要学会相互理解，用心守护彼此。

 同学来信

　　兄弟姐妹之间应该互帮互助，彼此理解。就像我和姐姐，小时候我也经常跑到她屋里打扰她写作业，后来经过她一番解释，我就不去随意打扰她了。平时，我们姐妹互相理解，感情也一直非常好。

　　其实在生活中，很多事都让我感受到我们彼此之间满满的爱。比如有一次，妈妈给我和姐姐各买了一瓶我们最爱的酸奶，回到家后我的吸管已经被压坏，姐姐看见了，立刻将她的给了我。她不想让我用压坏了的吸管（这样很难吸到酸奶），我知道姐姐很爱我，才会这样为我着想。

　　这样暖心的事，生活中有很多，它们微不足道，可能仅仅是一根吸管，或是门上的几张小纸片，但这些都是珍贵的手足情。只要我们相互理解，相互帮助，生活中就处处是爱。

　　　　　　　　　　　　　　　　　　　　董岩

74 爸妈总让我让着弟弟,我不服气

我的烦恼

我的弟弟马上要上幼儿园大班了。假期里,我们每天一起玩,有时候玩得挺开心,有时候他很不讲道理,根本不管游戏规则,还会哭闹。爸爸妈妈总是叫我让着他一点,可我的心里非常不服气,这种感觉真不好。我该怎么办呢?

——蝴蝶九九

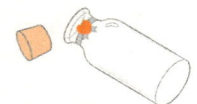

心语小使者

蝴蝶九九同学,还在上幼儿园的弟弟有时候可以和你玩得很好,有时候却非常不配合,还会哭闹。再加上爸爸妈妈总叫你让着他点,这让你感到委屈和不服气。我们该怎么做呢?

烦恼橡皮擦

❀ 调整好自己的心情

弟弟哭闹的时候，你也会感到心情低落和委屈，因为你觉得自己并没有做错什么。这时候，你可以做些事情来帮助自己调整情绪。比如，去看会儿自己喜欢的书，听会儿故事，唱会儿歌等。把自己调整好了，就能用更好的状态去寻找解决问题的办法了。

❀ 和家人沟通，寻求帮助

爸爸妈妈担心你和弟弟之间出现矛盾，他们希望你们能彼此照顾、好好相处。因此，你可以把你心里的委屈告诉爸爸妈妈，并请他们在弟弟哭闹的时候，帮忙照看一下，让你有时间调整自己的心情。我相信，你的爸爸妈妈知道了你的想法后，一定会很支持你的。

❀ 试着理解弟弟的认知水平，更改游戏规则

要知道，我们的弟弟妹妹虽然总是在模仿我们，向我们学习，但他们的理解能力和我们存在一定的差距。你可以尝试将游戏规则改得简单有趣一些，就能让他们老老实实地和我们一起玩啦。

❀ 相信弟弟是非常爱你的，他会慢慢长大

弟弟很喜欢和你在一起玩，有时候他会因为感到自己能力不足而气馁。但他的规则意识一定会越来越强，哭闹也会越来越少，你要相信弟弟会慢慢长大的。

 同学来信

　　我是一名四年级的小学生，看到蝴蝶九九的困惑我也深有感触。我觉得"心语小使者"给的建议非常好。我弟弟的年龄小，认知水平还不够高。很多时候弟弟搞不懂游戏规则，而且总是输，所以才会哭闹。

　　当弟弟哭闹的时候，爸爸妈妈只能跟我讲道理，叫我让着弟弟。以后，我尽量选择简单的游戏和弟弟一起玩，并在游戏中尽量让着弟弟，偶尔也让他赢我一两次。如果因为他的哭闹让自己心情不好了，要先调整好自己的心情，自己有个好心情，才能用更好的状态去寻找解决问题的办法。

李奕瑄

75 爸爸不让我和弟弟吵架，该怎么办

我的烦恼

我和弟弟一起玩的时候经常会闹矛盾，甚至有时候还会吵起来，但是我们也会在 15 分钟之内和好。可是爸爸总是不让我们吵架，总在我们和好之前把我们分开。对于我和弟弟来说，吵架与和好也是我们的"天伦之乐"，爸爸总是夺走我们的"天伦之乐"，这让我非常苦恼，希望可以得到帮助。

——小云朵

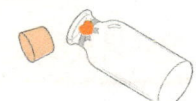

心语小使者

小云朵同学，我也有过类似的经历。我有一个好朋友，经常在一块儿玩。有时候我们也会打架，特别是在我俩意见不一致的时候。其实我们打架的时候都不会使出全力，而且打完还

会继续一起玩。可是我妈不能理解，每次一看到我们打架就把我们拉开，然后对我说一大堆道理。当时我和我的朋友都感觉特别无奈。因为不仅我们的"快乐"被打断了，我们还要受到批评。当时我既沮丧又委屈。所以，当我看到你的困惑时，特别能够理解你的心情。

下面，我来分享一些建议和方法吧。

烦恼橡皮擦

✿ 做些事情来减少爸爸的担心

爸爸非常重视你俩的关系，他很担心你们会因为吵架而伤感情，也担心吵架会影响你们的生活和学习。因此，你需要做些事情来减少爸爸的担心，比如，和弟弟约定好睡觉前不吵架，家里来客人的时候不吵架等。让爸爸看到，尽管你们会吵架，但这并不会影响你们的感情，也不会影响学习和生活。另外，你也可以告诉爸爸，虽然你会和弟弟吵吵闹闹，但你依然很爱弟弟。这样一来，爸爸对你们会更加放心，看到你和弟弟吵架也不会过于紧张和担心了。

✿ 与爸爸沟通，让他了解你们解决问题的办法

你可以写信，也可以在和爸爸单独相处的时候直接说出自己的想法。比如，你可以这样说："爸爸，我和弟弟都知道您很爱我们，也想保护我们。请给我们15分钟吵架的时间，其实我们在开一个很重要的'会议'，这对我和弟弟来说非常重要，开完会我们会和好如初的。"

❋ 让爸爸讲讲以前和朋友吵架的故事

和爸爸聊天的时候,让他讲讲他小时候的事情。爸爸可以回想起小时候与人吵架时的专注与兴奋,回想起曾经属于他的"天伦之乐"。这样,爸爸就会更加理解你和弟弟的感受,也会重新看待你们之间的吵架。

同学来信

假如我有一个漂流瓶,我想把它投进夜晚群星闪烁的星空,让它照进爸爸的梦里,在梦里我会告诉爸爸一个秘密:请不要打断我们的"天伦之乐"。我想这一定是小云朵最期盼的。

小云朵的烦恼我也有过,我时常和妹妹因为小事争吵,如果爸爸在家,他一定会说我和妹妹,还会长篇大论地讲道理,我曾经埋怨过爸爸的大惊小怪。但是看了"心语小使者"的回复,我体会到爸爸的担心,也明白了以后如何与爸爸沟通,让爸爸看到女儿的成长,我会和他说,请给我们15分钟,让我们享受属于自己的"天伦之乐"。

高畅欢

76 姐姐经常被骂，我很难过

我的烦恼

我今年上小学三年级了，最近我很担心我的姐姐，她今年上初中了。由于前阵子她的成绩下降了，经常被妈妈批评，弄得家里的气氛很紧张。而且姐姐现在常常熬夜写作业，也不陪我玩了。我每天看着姐姐挨骂，心里特别难过。真希望姐姐能振作起来，不要这样沮丧了。我该怎么去帮助姐姐呢？

——四菜一汤

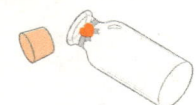

心语小使者

四菜一汤同学，看了你的"心语漂流瓶"，我了解到你很担心姐姐。因为她的成绩下降，妈妈批评她，使她心情非常沮丧，再加上每天有很多作业，所以她就不像以前那样能陪你玩了。你希望姐姐可以快快振作起来，走出她现在的困境。

我能看到你对姐姐的爱和关心。希望我能够给你带来一些帮助。下面分享一下我的建议。

✿ 调整好自己的情绪

在妈妈和姐姐的情绪都非常低落的时候，你的状态也会对她们产生影响。积极的情绪不仅可以使你保持良好的学习状态，也能让家里的氛围更加轻松一些。所以，你要先振作起来。当你被姐姐的事情影响，心情不好的时候，你可以把自己的心情写下来，也可以向好朋友倾诉。这些烦恼来自你对家人的关心，都是非常有意义的，值得被看见、被听见。

✿ 理解妈妈的苦心，帮妈妈分担家务

我相信你的妈妈一定和你一样也很爱你的姐姐，妈妈只是因为你的姐姐考试成绩退步而内心着急，她希望你的姐姐能够考出好成绩，有一个美好的未来。如果这个时候，你能理解妈妈的心情，看见妈妈对姐姐的爱和关心，妈妈会因为被理解，而随之放松下来，火气也就不会那么大了。你还可以帮妈妈分担一些家务，让妈妈感受到家人的关心和照顾。她的心情也会渐渐好起来。

❋ 对姐姐表达你的愿望，给姐姐鼓励和关怀

你和姐姐关系这么亲密，肯定是因为平日里，姐姐对你非常照顾，也耐心陪你玩耍。你们之间的手足之情是非常深的。所以你的鼓励和支持，会给姐姐带来很大的力量。你可以写信、发短信，或直接告诉姐姐你的心情和想法，同时，用你自己的方式为姐姐加油打气。比如，在姐姐做作业到很晚的时候，给姐姐倒杯水；周末帮姐姐打扫卫生；吃饭的时候，给姐姐夹一些好吃的等等。当姐姐感受到你的关心和照顾，她会更有勇气克服困难。

同学来信

　　读了这期"心语漂流瓶"之后，我的内心波澜起伏、思绪万千。作为学生，谁没有在学习上遇到过挫折？许多同学在考试失利后能够重整旗鼓；但有些同学却一蹶不振，成绩一落千丈。其实，挫折并不是我们想的那样冷酷无情，我们要学会表达，遇到困难可以请教老师，也可以和自己的同学一起探讨，还可以把自己的不如意告诉父母，得到父母的理解。

　　妹妹的角色在家庭关系中起到调和的作用，是能够连接妈妈和姐姐的桥梁。

　　表达是一门艺术，学会表达，学会用心生活，用真切的表达去展现爱！

路羽涵

77 表哥变得沉默，不爱和我玩了

我的烦恼

今年暑假，我的表哥从老家过来玩。表哥比我大四岁，小时候，他很活泼，话也多。但现在他看起来长大了，变得很沉默，不爱和我玩，也不愿和我说话了。这让我感到很突然，也很难过和失落。我一直都盼着暑假和表哥玩，没想到会这样。希望你能帮帮我，我该怎么做呢？

——雨后的小花

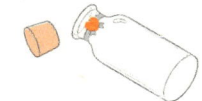

心语小使者

雨后的小花，你终于盼来了暑假，盼来了和老家的表哥一起玩耍的机会。这是你一直以来非常期待的事情，因为在你的记忆中，表哥是活泼开朗的，是会和你聊很多话的，是带给你很多美好回忆的童年小伙伴。但事实与你所想的不同，你的表哥不仅长高、长大了,也变得沉默了,不像小时候那样爱玩耍和聊天了。他的变化让你感到很失落,就好像少了一位重要的童年伙伴一样,不知道该怎么办才好。对于你的问题,我来分享一下我的看法,希望能够给你带来启发。

❀ 理解你表哥的变化

不知道你有多久没和表哥见面了。他出现这么大的变化,一定是有原因的,也许是在你们分开的日子里,经历了一些重大的事情;也许是表哥真的长大了,步入青春期了。一般男生到了这个阶段,思想上会有非常强烈的独立性,不再像小时候那样会说出自己心里的想法了,这是青春期男孩的普遍现象。因此你不必感到担心和惊讶,这是你的表哥正在长大的表现,也是他步入青春期的标志。

❀ 对表哥说清你的想法和愿望,也听听表哥的想法

你希望能像过去一样和表哥一起玩,一起谈天说地,这是一个美好的愿望。你要和表哥主动沟通,说出你的愿望,这样他才能知道你的想法和心愿是什么。同时,你也要听听你表哥的想法,也许他想玩一些新的游戏,也许他现在喜欢一个人独处。每个人都会成长和变化,你的表哥也一样,他也有属于自己的想法和需要。通过真诚地沟通,你才能真正了解他,而不只是对他的变化感到疑惑和失落。

❋ **尊重你表哥的想法，找到你们相处的新模式**

当你了解了表哥的想法后，就要尊重他。彼此尊重是和小伙伴快乐相处的基础，你可以询问表哥是否愿意和你玩你想玩的游戏，也可以学着玩一些你表哥喜欢的新游戏。如果你的表哥希望独处，你可以找其他小伙伴玩耍，不去打扰他。你的尊重和接纳会让表哥感到舒服与自在，也会让他更加愿意和你一起玩、一起交流。我相信，虽然你的表哥发生了变化，但是你们小时候在一起的快乐回忆，一定也深刻印在他的脑海里。

同学来信

　　成长可以分为婴儿期、儿童期、青春期等几个阶段。

　　我们刚出生的时候，就是一个嗷嗷待哺的婴儿。在妈妈的悉心照顾下，我们渐渐长大了，我们在课堂里学习知识，在操场上做游戏，在草地上奔跑，在公园里游玩，我们的脚印无处不在。

　　随着年龄的增长，我们的烦恼也越来越多了。我们会发现自己的想法、爱好等都有了变化。我们的朋友、同学也是这样的。变化会带来不适应和痛苦，我们要努力去适应，人的成长之路本来就是充满变化的，经历过挫折，我们才会更强大。

葛戴玮

第十六章

我的心声

最后一章来自我们内心最真实迫切的声音。在与爸妈相处时,我们内心真实的感受和想法,包括喜怒哀乐等情感、对爸妈的理解和支持,以及与爸妈相处的困扰。"我的心声"可以帮助我们理解自己的感受和想法,也可以成为我们与爸妈沟通的桥梁。无论我们有什么心声,都可以勇敢地说出来,让爸妈了解自己的想法,这样他们才会有改变的机会。

78 爸妈好像更喜欢弟弟，我好难过

我的烦恼

我马上要上四年级了。我一直以来都有一个烦恼，我觉得自己远远不如弟弟优秀，爸爸妈妈也更喜欢弟弟。我的弟弟今年6岁了，马上要上一年级了，算术比我以前强多了。爸爸妈妈总说弟弟比我懂事也比我聪明。平时我和弟弟犯了同样的错误后，他们会打我，但是不会打弟弟。有时候我会很讨厌弟弟，真想把弟弟狠狠揍一顿，可我知道这样的想法是错误的。我的心里很难过，该怎么办才好？

——小蝴蝶

心语小使者

  小蝴蝶同学，看了你的"心语漂流瓶"，我了解到你觉得自己不如弟弟，甚至认为爸妈更喜欢弟弟，而且爸妈在处理一些事情时，让你感觉到不公平。你说你有想揍弟弟的想法，我

感觉你内心已经积攒了很多负面的情绪，这些情绪是一种信号，提醒你要把内心的不满和迫切需要爸妈公平对待自己的想法告诉爸妈。接下来，我来谈一下我的看法吧。

❀ 换个角度看待父母，他们对你的关心并不少

首先，我非常理解你的心情，小时候爸爸妈妈都是围着你转的，突然有一天，家里多了位小弟弟，爸爸妈妈就围着小弟弟转，还经常拿你们做比较，不仅陪你的时间少了，对你各方面的要求也更高了。这让你感觉很不好，甚至怀疑爸爸妈妈是不是喜欢弟弟而不喜欢你了。如果你只从这个角度去想问题，就会越来越难过。不如换个角度想一想，爸爸妈妈平时对你们衣食住行的满足上是否有差别，你会发现，他们没有偏向任何一边，没有减少对你的关心。这样想来，你的心情也会慢慢好起来。

❀ 告诉父母你的感受，获得父母的支持

家里多了弟弟后，父母往往变得非常忙碌。他们承担着不小的生活压力，所以，有时难免会无法顾及说话的语气，对比较大的那个孩子会要求更多、更严格。这并不代表他们不喜欢你，只是他们希望从你这里得到支持和帮助。但他们可能忽略了你也是一个需要爸爸妈妈温柔对待的孩子。因此，你可以主动地把你的心情感受告诉爸爸妈妈，他们也许会意识到这一点，并做出改变。

❋ **正确看待自己**

　　这个世界上没有完美的人，每个人都有自己的优势和弱项，就算是亲生的兄弟姐妹，也各有不同的特点。拿一个人的短处和另一个人的长处来做比较是非常不公平的，所以你大可不必和弟弟比，也不必理会别人的比较。你可以让你的家人、朋友、同学等，分别说说你的优点和缺点，正确认识自己，而不是通过一些批评和不公平的对比来定义自己。

 同学来信

　　虽然我没有弟弟或妹妹，但是读了小蝴蝶同学的烦恼和"心语小使者"的回答后，我发现如果我有了弟弟或妹妹，父母可能会对我要求更加严格，可这并不代表父母不喜欢我了，只是他们对我的期望更大了。

　　我们可以跟父母沟通一下，让他们了解到我们在想什么，或许知道我们的想法后，他们会改变某些做事的方法。其实在爸爸妈妈的心里，我们永远是他们的心肝宝贝。

王陆贝

79 爸爸妈妈总爱玩手机，该怎么办

我的烦恼

我今年上小学三年级了。最近我有点小困扰，想请你帮帮我。我的爸爸妈妈太爱玩手机了，以前，他们总会在餐桌上问问我在学校发生的一些事儿，可不知从什么时候起，他们不再过问了，而是各自看着手机。他们不让我看电视也就算了，他们还一边看电视一边玩手机……大人的世界我真不懂。有时我想玩玩手机，他们却说："你还是学生，不是玩手机的时候，长大了才可以玩。"面对爸爸妈妈爱玩手机的毛病，我该怎么办？

——小南瓜

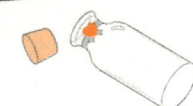

心语小使者

小南瓜同学，很高兴你能勇敢地把自己的烦恼在这里吐露。我了解到你的爸爸妈妈总爱玩手机，不仅休息的时候玩，连吃饭的时候也玩，让你有一种被忽视的感觉。更让你困惑

的是，他们自己一直在玩手机，却不让你玩。这让你感觉到奇怪，也感觉到不公平。其实，我身边有很多朋友都反映过这个情况，他们和你有一样的感受。他们的爸妈总是看着手机，以至于他们觉得爸妈仿佛不关心自己了。关于这件事，我来谈一下我的看法吧。

烦恼橡皮擦

❋ 让自己放松，调整好心情，才能更好地帮助他们改掉坏习惯

其实，不只是你的爸爸妈妈，现在有很多爸爸妈妈日常都喜欢抱着手机玩。这并不代表他们不爱自己的孩子了。而是在这样信息化的时代里，手机里各种各样的信息吸引了他们，以至于他们忘记了好好关心家人。但我相信爸爸妈妈对你的爱是不会变的。

❋ 和爸妈进行沟通

沟通的方式有很多种，你可以与爸爸妈妈约定个时间，进行一次深入的沟通，把你的心里话说出来。让他们知道在他们沉迷于手机的时候，你在家里的感受，这样他们才会意识到该收敛一些了。如果你不敢跟爸爸妈妈当面沟通，也可以写信或者写成作文拿给爸爸妈妈看。

❋ 你可以试着帮助爸爸妈妈改掉坏习惯

在爸爸妈妈有空的时候，和他们一起讨论有哪些可以做的事情，比如他们自己感兴趣的事，你还可以拉着他们做一些亲子游戏，分散他们对手机的注意力。如果爸爸妈妈实在控制不住玩手机，你就跟他们"约法三章"，比

如，家人一起吃饭的时间不许看手机，亲子活动的时间不许看手机等。

爸爸妈妈爱低头玩手机的确不对，除了不能陪你享受亲子时光，对他们的健康和安全也是有影响的，比如伤眼、引起颈椎病……如果走路、开车还玩手机的话，还可能发生交通安全事故。所以，祝愿你能成功帮助他们改正坏习惯。

同学来信

　　我也有类似的烦恼，我决定用书信的方式提醒一下爸爸妈妈。因为我的父母比较强势，用直接说的方式他们可能不会接受。果然，我把信给到爸妈的那天下午，我在书桌上也发现了一封信，上面写着：孩子，对不起，我们不应该沉迷于手机，而忽视了对你的陪伴。你可以原谅爸爸妈妈吗？

　　从那以后，爸爸妈妈陪伴我的时间增多了，周末还带我进行各种户外活动。我觉得十分开心，我明白了爸爸妈妈之前并不是不爱我，只是暂时被手机吸引了大部分注意力，而忽视了我的感受。现在一切都好了！

于心彤

80 我不知道如何做，爸妈才会满意

我的烦恼

我的妈妈总批评我，在她的眼里我浑身都是缺点。不管我做什么事，她对我都是责备和批评。上个星期我语文考试进步了，她却批评我做错的题目多。有一次我帮她洗碗，她也没有表扬我，说这是我应该做的，还嫌我洗得不干净。爸爸也常常会和她一起说我。我不知道怎么做他们才会满意。在家里的时候我觉得很孤独、很难过、很压抑。我该怎么办？

——小凡

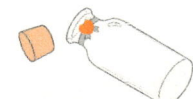

心语小使者

小凡同学，你妈妈总喜欢批评你，即使你在学习或日常生活中有好的表现，她也总是会选择性地看到你不足的地方并指出来。爸爸也会和妈妈一起说你。这让你在家里感觉到孤立无助和伤心。你希望你的爸爸妈妈能够多看到你的优点，多鼓励、表扬你。你在努力地寻找方法来解决这件困扰你的事情。

当我了解了你的烦恼之后，我也感觉到有些难过。因为我深深地记得，当爸爸妈妈一起批评我的时候，那种感觉真的很难受。我能够体会到你当时的孤独与迷茫。

对于这件事，我想分享一下我的看法，希望能够帮助到你。

烦恼橡皮擦

❀ 把自己的情绪发泄出来

很多父母都以为，因为我们是孩子，他们是父母，便可以随意批评我们。但他们忽略了我们和他们一样也会心情不好，也会伤心和压抑。没有人喜欢天天被批评。当你的内心积累了很多这样的压抑情绪后，就会对父母产生不信任感，甚至抵触情绪，在家里的时候就会感觉到孤独和压抑。因此，面对这种困境，你的首要任务就是调整情绪，把心里的感受说出来。你可以找你的好朋友倾诉，也可以找学校的心理老师求助。只有你感到被理解、被支持了，你才能重新振作起来。

❀ 做好属于自己的事情

我相信你的父母很爱你，他们对你的方方面面都非常关注，只是他们总把目光聚集在一些负面的事情上。要让他们不为你操心的话，你要先学会为自己操心。你可以列一个表格，把自己责任范围内的事情写出来。就拿我来说吧，我会在我的列表里写上：起床、整理被子、完成作业、复习、预习、洗澡等。然后把完成的项目打上钩。妈妈每天上班和做家务也非常辛苦，当她发现许多事不用再为你操心了,她的心情也会放松下来,不会像之前那么紧张了。

❋ 直接和妈妈沟通

妈妈想通过批评来提醒你为自己负责,但她的做法却给了你很大的压力。你可以在理解了妈妈的用意后,找合适的时机勇敢地向妈妈说出你的想法,并告诉妈妈你希望她以后可以多鼓励你、夸奖你,让你更有动力来做好自己的事。我相信,你积极的行动和对她的理解,会让她做出改变。

同学来信

怎么和父母相处?这是个复杂的问题。父母总是拿别人家的孩子来说我们,并冠以"激励""为我们好"的名义。我们有时也会想,为什么别人的父母这么温柔,善解人意?

我知道父母的动机都是为了我们好。但是,他们管教的方式除了指责,就是说教。我们的自信心都被打击了。

也许这就是进入青春期的烦恼吧!以前父母发火,我们会害怕,担心爸妈不爱自己了,现在父母一说话,我就想顶嘴。不过我克制了,但是也觉得孤独了。这些情绪我会向我的朋友倾诉,写进我的日记,或用我的兴趣来排解。调整好情绪,我才能心平气和地学习和生活,并找机会与父母沟通。也许,接纳彼此,处理情绪,一路同行,这就是成长之路。

谢镇宇

81 爸妈总让我考虑他们的感受，但他们从不考虑我的感受

我的烦恼

我有一个非常困惑的问题，当人很生气的时候，到底应该先考虑自己的感受，还是先考虑别人的感受呢？为什么每当我生气的时候，父母都会要求我先考虑他们的感受？可当他们生气的时候，无论是说话还是做事，却从来不考虑我的感受，只是一个劲儿地指责我。究竟怎么做才是对的呢？

——小莲

心语小使者

小莲同学，在生活中，我们每个人都会有生气的时候，包括我们的家人和朋友。你能够认真地思考这个问题，就说明你在生活中是爱观察、爱思考、爱学习的。下面的分享希望能够给你带来一些启发。

烦恼橡皮擦

❀ 要理解和接受自己正在生气这件事

生气是十分常见的情绪。在生活中产生生气的情绪是很正常的,谁都拥有生气的权利。因为很多人把生气这件事想象得过于可怕,才会在生气的时候特别紧张,甚至情绪失控。允许自己或别人生气,才能让心情快速放松下来,然后用更多注意力去思考:刚才到底是哪件事、哪句话导致了这次生气。

❀ 当自己或别人生气的时候,要学会"按下暂停键"

人们在生气的时候,难免会说出一些气话或做出一些不合适的举动。你的父母也一样。这让你觉得他们没有考虑到你的感受,让你感到难过。但这并不是他们思考后说的话,更不是他们的本意。所以,我建议当你生气的时候,在内心按下一个暂停键,让自己的"火气"先暂停一下。这样做的好处是可以打断自己原来逐渐高涨的负面情绪,不让自己说出过分的气话或做出不理智的行为,同时也给对方冷静下来的时间。

❀ 通过一些方式来调节心情

第一个方式是做自己感兴趣的事。当你在做一件自己感兴趣的事情时,你会比较专注,可以起到转移注意力的作用。在心情不好的时候听听音乐、看看书或者去锻炼,这些方式可以让负面情绪得到缓解。

第二个方式是多和他人沟通交流。倾诉可以释放压力,也可以减轻负面情绪。很多人内心有负面情绪,但是不愿意跟他人沟通交流,总是憋在心里,闷闷不乐,同样会给自己带来不好的影响。如果有他人帮助分析、调节，你就会得到支持和帮助，情绪也会得到改善。

当你学会了在生气的时候调整自己的情绪，你自然也就不会再有先考虑谁的感受这个疑问了。无论是以谁的感受为主，我们都不希望伤害彼此，都要用更平和的方式来沟通和解决问题。

同学来信

每个人都有生气的时候，这时，我们要学会控制情绪。当自己与别人发生冲突时，应该先把自己的情绪控制好，不能冲动。平复好情绪后可以和对方一起想一想刚刚为什么发生冲突。如果对方情绪激动，你可以先不理他，让他先冷静下来。

如果你自己也不开心的话，可以做一些让自己放松的事情，如画画、玩玩具等；你也可以适当发泄一下，但不可以伤害他人、损坏物品，比如捏一捏解压的玩具或在纸上涂画。等两人的情绪都变好之后，就可以慢慢化解矛盾了。

姚诗琪

82 不知怎么搞的，总想和爸妈顶嘴

我的烦恼

最近有一件事总是困扰着我。自从这学期开学以来，我发现自己总是想和爸爸妈妈顶嘴，我知道爸爸妈妈平时对我的叮嘱和管理都是为了我好。但每当他们说我的时候，我都会控制不住地想撑回去。我到底怎么了？我该怎么办呢？

——阳光小鸟

心语小使者

阳光小鸟同学，你知道吗？孩子和父母相处一般有两个很重要的阶段：一个是3～5岁的时候，孩子想自主做自己的事情，被父母阻拦后会表现出反抗行为，这一时期被称作"反抗期"；另一个是12～15岁进入青春期的时候，当父母不尊重、

不理解自己的时候，孩子会表现出逆反行为，或者有意无意释放以前压抑的不满情绪等。我估计你现在的情况应该属于后者。下面我就来分享一下我的心得吧。

烦恼橡皮擦

❋ 科学地看待自己的变化，让自己放松下来

你现在已经步入青春期了。这个时期，你的身体和心理逐渐开始为将来成年后的独立生活做准备。所以你才会对爸爸妈妈的管教产生一种抵触情绪，想要顶嘴。这是非常正常的。你不需要为此自责或担心。

❋ 理解自己，找到自己真正的目的

表面上看，你是在顶嘴，可实际上，你是在成长。我们的"叛逆"是有目的的：

第一个目的是表达自己的想法。当爸爸妈妈教我们做事的时候，我们会感觉自己被控制了，我们很想要自己去思考，按自己的主意来做事。我们不想再像小时候那样，什么都听爸爸妈妈的，当他们的乖宝宝了。现在的我们，正在自己开动脑筋、积极思考。

第二个目的是渴望独立自主。以前，我们还是小孩，什么都听父母的安排。但当我们进入青春期后，就很希望父母能够把我们当作和他们平等的人来看待和尊重。比如进我们的房间前，敲一下门，得到允许后再进门。这会让我们感到对自己的人生拥有了自主权，也会开始学习为自己的事情负责，而不是像小时候那样，总让父母为我们操心。

当我们能够理解自己，也就不会对这件事那么紧张和担心了。

✿ 主动和父母沟通，照顾自己的情绪

从你出生开始，父母就一直照顾、守护着你。他们习惯了为你操心，也习惯了对你进行管教。你把进入青春期后的真实感受、想法、需要和他们沟通后，我相信，他们也会试着理解你，渐渐转变和你相处的方式。当然你也要理解，父母改变照顾你的方式需要一定的时间。这个时候，你要摸索既能照顾自己的感受和想法，又不会引发家庭冲突的方法。比如使用留言、短信、微信等方式沟通想法，适当向父母透露一些心里话。

同学来信

阳光小鸟，看了你的烦恼后，我感同身受，我曾经也很担心自己的脾气是不是越来越坏了。

看了"心语小使者"的解答后，我知道了自己的这种变化原来是正常的，这表明我正在长大和独立，这是成长的必经之路。我决定尝试主动和爸妈沟通自己的感受和想法。当他们知道我原来只是想让他们给我表达的机会，得到他们的理解和尊重，我们之间的相处也会更轻松、融洽了。

宋朱宇

83 妈妈和爸爸吵架后，常会指责我，我很委屈

我的烦恼

每次爸爸妈妈吵架的时候，妈妈一看到我，就开始指责我。要么说我不爱干净，要么说我做作业不自觉。有一次，就连我衣服上的扣子没有扣好，她都批评了我一顿。我非常不喜欢妈妈这样对我，心里面感到特别委屈。不知道怎么办才好，请你帮帮我。

——小眼睛

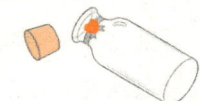

心语小使者

小眼睛同学，你听过"踢猫效应"吗？"踢猫效应"是指对弱于自己的人发泄不满情绪而产生的连锁反应。你就像那只被踢的猫。你爸妈处理矛盾比较情绪化，以至于影响到了你，这对你来说，非常不公平。接下来，我就把处理这类事的心得分享给你，为你加油！

烦恼橡皮擦

❋ 平复自己的心情

这件事并不是你的错,也不是妈妈不爱你。你知道吗?大人也是会犯错的。当父母吵架后,他们的情绪也会低落,甚至失控。使得你不仅要为他们担心,无法专心做作业,还会因为妈妈把情绪发泄在你身上,而感到挫败和委屈。这些感受都是非常合理的,所以你可以允许自己难过和委屈。你可以把委屈写下来、

画下来,也可以向好朋友倾诉,或求助心理老师等。另外你还可以选择其他让你感觉安全和舒适的方法来调整自己的心情。

❋ 调整情绪后,先把自己的事情做好

因为刚吵了架,父母可能还在气头上,他们也需要时间来调整心情。这个时候,你把自己的生活、学习都管理好了,不仅会减少父母吵架对你的影响,也能让他们少为你操心,他们会为你的行动感到欣慰,从而更快调整好自己的情绪。

❋ 主动和父母沟通,让他们理解你,并做出改变

在家庭里,我们就是父母的一面镜子,我们可以把自己的感受反馈给他们,让他们看到自己的问题。当父母情绪平复后,你可以把当时的委屈和难过告诉他们,让他们发现自己的问题,并去改正。父母都希望能给我们一个安全、放松的环境,所以你主动告诉他们这件事,他们一定会重视。

同学来信

　　你好，我看到你的烦恼后感觉很熟悉，因为我的爸爸妈妈有时吵架也会这样做。

　　我想世上没有哪对父母没吵过架。在父母吵架时，孩子会着急、害怕、担忧。我相信，你当时心里一定有一只小兔子在咚咚直跳吧？其实呀，吵架是大人们在用一种我们无法理解的方式沟通而已，只不过动静有点大。如果这时候我们把自己的事情做得好好的，不仅不会被批评，还可以让父母很快暴雨转多云，多云转晴，你说是不是？

　　小眼睛，你有没有"不会说话"的"朋友"？我可多了！课外书、钢笔、日记本……这些"朋友"是抒发情感的"最佳神器"，你可以用它们来平复你的情绪，毕竟这是我研究多年的"独门秘籍"呢！还有，你可以告诉你的朋友和老师，让他们帮助你；也可以给爸妈写封信，把自己内心最真实的想法告诉他们。相信你会成功的。

陈以彤

84 爸妈离婚后，妈妈总对我发脾气，我很伤心

我的烦恼

去年我的爸妈离婚了，我跟着我妈生活。可是我每天在家里特别不开心，因为我有一个爱发脾气的老妈。每天只要我有什么事情做得不顺她的心了，她就会对我发火。我知道妈妈特别辛苦，也会主动多做家务。可她还是每天对我发火，我也不知道该怎么办了。请你帮帮我！

—— 一颗小种子

心语小使者

一颗小种子同学，你是一位非常懂事，也非常坚强的同学。父母离婚给你带来了很大的伤痛，你每天要忍受妈妈的坏脾气，同时还要小心翼翼地管理好自己的生活和学习。在这样的情况下，你依然体谅妈妈的辛苦，并主动地帮助妈妈

分担家务。真想给你一个拥抱！你真了不起！

关于今后该怎么办，希望下面的方法可以帮助到你。

❋ 照顾好自己的情绪

第一步是改变自己的观念。你要明白这一切都不是你的错，父母吵架甚至离婚，都是他们自己的选择。有的同学会觉得是自己成绩或表现不好才导致父母离婚，这种想法是不对的，也不是事实。妈妈现在一个人既当爸又当妈，在外工作，在家操劳家务。如果你有一些不好的表现，可能就会点燃妈妈的坏情绪。但是，这不是你的错，是妈妈的情绪出现了问题。这个时候，希望你多多理解妈妈，她的情绪也需要发泄。

第二步是求助朋友、爸爸或老师，适当地去向他们倾诉。从你的"心语漂流瓶"中，我看到你长期承受着妈妈的坏脾气，这让你感觉非常压抑和无助。这时，学会去找到能帮助自己的人是非常重要的事情。

第三步是学会抽离和合理宣泄。每当妈妈为一些小事发火的时候，你可以试着把自己的耳朵"关"起来，也可以回到自己的房间里，告诉妈妈你要做作业了，不要打扰你，以减少妈妈的负面情绪对你造成的影响。如果这时候你的心情很乱，可以找方法让自己宣泄一下，比如写日记、听歌、涂鸦等。在这个时候，你不去听妈妈的训斥，并找到方法调整自己的心情，是懂得照顾自己的表现。

❋ 学会向妈妈反馈你的感受

在妈妈心情还不错的时候和她谈谈心。你要明确地告诉妈妈当她发火时你的感受。如果妈妈不再经常发火，记得及时给妈妈一些鼓励。你的反馈能让妈妈看到自己的错误，你的鼓励也能让妈妈进步。另外，如果你可以找到妈妈坏情绪爆发的一些线索，比如哪些事情会让妈妈发火，那么，你就可以为了照顾妈妈的情绪，选择不做或少做那些事情。

❋ 找到一件既健康又能让自己快乐的事情

你可以唱歌、读书、画画、弹琴、写故事等。

我最喜欢的歌曲中有两句这样的歌词："辗转时空，会挫伤、会心痛。依然奋勇，去战斗，才叫英雄。"现在，我将这两句歌词分享给你，因为我觉得你就是那个小小的英雄。我会为你加油的！

小种子，祝你早日冲破土壤发出芽儿来。

同学来信

在生活中，当我们有烦恼而且无法自己解决时，可以尝试和亲人、师长倾诉。他们会帮助我们有效地平复自己的情绪。我们自己也可以积极地找一些方法进行自我调整，转移注意力，比如写日记、听歌等，这样可以有效地调节心情。

此外，我们也要把自己的学习和生活管理好，避免爸妈为我们操心。我们已经长大了，也可以试着去关心爸妈了。平时端茶倒水、洗碗盛饭等力所能及的事，我们可以多做一做。

侯锦云

85 长大后，我发现爸爸和我越发疏远了

我的烦恼

我觉得爸爸和我越来越疏远了。小时候，我经常骑在爸爸的脖子上，爸爸也经常抱着我出门。可是随着我长大，他陪我的时间越来越少了。我们平时的聊天内容，也只围绕着学习。每天看到爸爸陪着弟弟玩和抱着弟弟时，我都很希望他也能抱一抱我。可每次我提出这个要求，爸爸总是会问我作业的事。我感觉很失落，爸爸已经不喜欢我了。你能不能告诉我，我该怎么办？

——阳阳公主

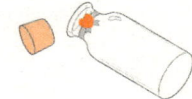

心语小使者

阳阳公主你好，我非常理解你的心情，因为随着我长大，我的爸爸也不再像小时候那样和我玩了，更多的是关心我的学习情况。曾经我也为此伤心过，以为我失去了爸爸的爱和关

怀。但后来,我发现爸爸的很多小秘密后,就不会再为此难过了。我把我知道的小秘密分享给你,希望对你有一些帮助。

烦恼橡皮擦

❋ 第一个秘密:爸爸"害羞"了

随着我们长大,爸爸妈妈也开始把我们当作大人对待了。我记得低年级的时候,爸爸有时还会把我抱起来,而现在他只会摸摸我的头。有一次,我看到爸爸在偷偷看我小时候的照片,一边看一边感叹:"闺女大了,不能抱喽!"那时我才明白,随着我渐渐步入青少年阶段,爸爸开始和我保持一些距离,并用摸头的方式来表示亲热,这是出于对我的尊重,并不是讨厌我,或不爱我了。

❋ 第二个秘密:爸爸也"无知"

小时候,爸爸妈妈的话对我们来说就像真理一样,爸爸妈妈好像是全知全能的。但随着我们的学习和成长,我们渐渐知道了一些爸爸妈妈不知道的知识。有时,他们也回答不上来我们的提问。于是,爸爸妈妈的话就少了一些。

❋ 第三个秘密:爸爸想"帮忙"

爸爸很关注我们的学习,因为他最清楚学习对我们未来工作和生活的重要性。所以,他希望督促我们养成良好的学习习惯。

总之，随着我们渐渐地长大，爸爸爱我们的方式也发生了变化。到生活中去仔细找找，你也会发现爸爸的小秘密。

 同学来信

　　随着我们的长大，学习对我们越来越重要，爸爸当然会更多地关心我们的学习。可弟弟不同，他还很小，需要更多照顾，所以爸爸会花更多时间和心思在弟弟身上。

　　其实，爸爸的爱会体现在各种小细节里。有时当我想看书但没找到适合自己的书时，爸爸会悄悄地上网查资料，帮我找到适合的书，这是爸爸表达爱的方式之一。其实呀！爸爸是用另一种方式爱着我呢！

储卓昇

后记

上海市嘉定区安亭小学沿承了陶行知先生的"生活教育"理念，确立了"响应儿童需要，享受教育生活"的办学理念，将心理健康教育工作纳入"十四五学校重点项目"之一，依托学生自我教育与同伴教育，组织开展"心语漂流瓶"活动，充分发挥活动的育人功能，形成同伴支持的心理健康教育模式，提升学生心理自助与互助的意识和能力，打造学校心理健康教育品牌，希望让每一个孩子都成为幸福的真我少年。2022年1月，我校被评为上海市心理健康教育示范校。

学校将"心语漂流瓶"活动作为上海市心理健康教育活动季的常规活动。在班会课上，班主任面向三四年级学生介绍该活动的目的、方案和流程，并向学生下发"心语漂流瓶"活动单，组织学生自愿写下自己的烦恼。然后，班主任将"心语漂流瓶"活动单"漂流"到同年级的一个班级和跨年级的一个班级的同学手里，并组织收到"心语漂流瓶"的同学帮助同伴解忧。最后，心理教师严格把关每一份"心语漂流瓶"活动单的回复，并归还给"心语漂流瓶"的主人。

"十四五"期间，学校心理健康教育发展规划明确指出，要根据学生身心发展状况，响应儿童发展的需要，借用信息技术手段开展心理健康教育，努力培养具有乐于思考、善于分享、勇于担当等积极品质的学生。为此，我建议心理教师可以尝试在学校微信公众号推出"心语漂流瓶"栏目，并设置"我的心语漂流瓶"和"心语漂流瓶，我们来解忧"二维码，鼓励学生通过扫码来提交烦恼和回复。

近三年来，参与"心语漂流瓶"活动的人数越来越多，活动受益的人也越来越多。截至 2023 年 5 月，线下"漂流瓶"已经漂流了 3800 多个，线上"漂流瓶"已经漂流了近 400 个。心理教师将活动中有共性的"心语漂流瓶"进行润色，并邀请同学录音制作成音频。每周一的午会课上，校园广播准时播放"心语漂流瓶"。嘉定广播电视台综合广播 FM100.3《成长进行时》节目也播放过我校的"心语漂流瓶"。

通过"心语漂流瓶"活动的开展，学生不仅获得了应对烦恼的方法，还养成了乐于向他人提供帮助的意识和习惯，形成良性的"自助—求助—互助"的心理互助模式，进而提高心理健康意识和素养。2021 年，我校"心语漂流瓶"活动被上海嘉定官方公众号、《文汇报》《新闻晨报》、上观新闻、央广网、澎湃在线等媒体报道和转载。2022 年，我和学校心理教师孙文冲受邀参加上海教育电视台《一起来成长》访谈节目，介绍了我校"心语漂流瓶"的心育经验。

可以看出，我校"心语漂流瓶"心育品牌价值正在慢慢突显，也佐证了"心语漂流瓶"的出版价值。作为上海市心理健康教育示范校的校长，我邀请上海市教育科学研究院沈之菲教授、嘉定区教育学院德研室陆春荀主任和嘉定区教育学院心理教研员谭海燕老师来指导我校出版"心语漂流瓶"心育成果等事宜。

该书能够出版，我非常感谢学校德育处朱婷婷老师和心理辅导室孙文冲老师，两位老师热爱心理健康教育工作，扎扎实实开展"心语漂流瓶"活动，既帮助学生解决了成长的烦恼，又尊重了学生的意愿，保护了学生的隐私。我还非常感谢该书的策划编辑，以及插画作者，尽管我们没有见过面，但是我能感受到她们对小学生问题的敏锐视角和绘画的专业功底，因为大家的用心和努力，最终促成了这本书和读者们见面。希望每一位有缘翻开这本书的读者，都能从书中获益。

陈伟萍

2023 年 6 月于上海

作者系上海市嘉定区安亭小学校长

图书在版编目（CIP）数据

心语漂流瓶：全两册 / 陈伟萍，孙文冲，朱婷婷主编；孙俊倩，王君兰绘 . -- 北京：北京联合出版公司，2023.10

ISBN 978-7-5596-7252-0

Ⅰ.①心… Ⅱ.①陈…②孙…③朱…④孙…⑤王… Ⅲ.①小学生—儿童心理学 Ⅳ.① B844.1

中国国家版本馆 CIP 数据核字（2023）第 189547 号

心语漂流瓶：全两册

作　　者：	陈伟萍　孙文冲　朱婷婷 主编　孙俊倩　王君兰 绘
出 品 人：	赵红仕
策划编辑：	高　瑾　宿丽萍
责任编辑：	周　杨
营销编辑：	张　楠
装帧设计：	颖　会
责任编审：	赵　娜

北京联合出版公司出版
（北京市西城区德外大街 83 号楼 9 层 100088）
北京华景时代文化传媒有限公司发行
北京中科印刷有限公司印刷　新华书店经销
字数 180 千字　690 毫米 ×980 毫米　1/16　20 印张
2023 年 10 月第 1 版　2023 年 10 月第 1 次印刷
ISBN 978-7-5596-7252-0
定价：78.00 元（全两册）

版权所有，侵权必究
未经书面许可，不得以任何方式转载、复制、翻印本书部分或全部内容。
本书若有质量问题，请与本公司图书销售中心联系调换。电话：（010）83626929